青少年 科普图书馆

世界科普巨匠经典译丛 · 第四辑

鸟的天堂

（英）格 雷 著

丁荣立 译

上海科学普及出版社

图书在版编目（CIP）数据

鸟的天堂 /（英）格雷著；丁荣立译 .—上海：上海科学普及出版社 , 2014.4
（2021.11 重印）

（世界科普巨匠经典译丛·第四辑）

ISBN 978-7-5427-5977-1

Ⅰ . ①鸟… Ⅱ . ①格… ②丁… Ⅲ . ①鸟类—普及读物 Ⅳ . ① Q959.7-49

中国版本图书馆 CIP 数据核字 (2013) 第 289489 号

责任编辑：李　蕾

世界科普巨匠经典译丛·第四辑

鸟的天堂

（英）格雷　著　　丁荣立　译

上海科学普及出版社出版发行

（上海中山北路 832 号　邮编 200070）

http://www.pspsh.com

各地新华书店经销　三河市金泰源印务有限公司印刷

开本 787×1092　1/12　印张 16　字数 192 000

2014 年 4 月第 1 版　2021 年 11 月第 3 次印刷

ISBN 978-7-5427-5977-1　定价：39.80 元

目录
Contents

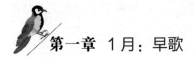 第一章 1月：早歌

　　鸟儿的种类繁多，生活也丰富多彩，不同的鸟儿散发着不同的魅力，吸引我们的注意力。它们的羽毛光彩夺目，让人目不暇接；在海上，在陆地，在空中，我们都能看见它们的身影。有的鸟儿是某地的固定居民，有的鸟儿则年复一年地南北迁徙。

　　它们也有夫妻生活，谈恋爱、交配、生卵、养育雏儿。它们的卵，有白色的，也有其他颜色的，有光滑的，也有遍布花纹的。它们居住的巢也是各种各样，不同的鸟儿，巢的结构和建造巢的地点也各不相同。不过，在它们的所有特点当中，还要数它们的歌声最有魅力。

　　每年雨季过后，动物们就进入了发情期。不管是哺乳动物、爬行动物，还是昆虫，一到这个时候就开始叫唤，似乎是在向异性表达自己的情感。但是，鸟儿们却并不是只在发情期啼叫，无论什么时间什么地点，它们都会啼叫，而且声音非常悦耳，它们当中有很多好歌手，比如夜莺、画眉、椋鸟和黄鹂。

在动物的世界里，单从发音方面来看，鸟儿的音质当属第一，不过，这要除去人类的声音。

所以，现在就让我们先来谈谈鸟儿的"歌声"吧！

在乡下，大多数人识别鸟儿的方式，是根据其名称和体貌特征来判断，很少有人能根据声音来判断是什么鸟儿，我小时候也是如此。现在，根据模糊的记忆，我依稀还能想起大人们曾让我仔细倾听鸟儿叫声的事情。大概的情形是这样的：

那时候我应该是9岁，或者更小，因为只有这个年纪才会留在家里，不然就会被送到学校里去上课了。那应该是5月或者是6月的一天，阳光灿烂，不冷不热，树叶刚长出来没多久，到处都能听到鸟的叫声。

父亲正在书房里看书，他看见我从窗外走过就叫住了我："树上小鸟的歌声你听见了吗？"我回答："嗯，我听见了！""那你以后还打不打鸟儿了？"他问道。当时我怕父亲不高兴，所以敷衍道："知道了，我以后不打了。"只有这样回答才能让父亲满意，他才会放我走，可是我心里却颇不以为然。假如我当时有一种可以精准射击的武器，那么地上跑的动物，天上飞的鸟儿，就会成为我射击的活靶子。

那时我已经学会使用弓箭射击鸟儿了，这让我对打猎产生了浓厚的兴趣。当时政府还没有颁布禁猎条令，其实就算已经颁布了，也无法对我这个年纪的小孩形成制约。正是在这种前提下，我父亲才忽然问了我一个这样的问题。我父亲是乡下人，会干一些基本的农活，比如耕田、砍柴、犁地等等，但对于每天在他耳边唱歌的鸟儿，却不知道究竟有什么不同。

我对鸟儿的基本认知，是根据它们的外貌特征和名称来辨别的，这些也都是我从父亲那儿、园丁那儿、猎人那儿学到的。当然，我认识的那些鸟儿是最常见、最普通的，因为我不认识林莺类的鸟儿，比如对当时我经常见到的柳林莺，我就完全不认识。但凡住在乡下的人，对"黑顶林莺"都不会陌生。不管气候多么糟糕，环境多么恶劣，我们都会看见这种鸟在争食死去的野兔。事实上，它们属于沼泽类山雀。

通常，人们很少真正去倾听鸟儿的叫声。我记得我的父母（也有可能是我的祖父母）曾经这样评价那些鸟儿的叫声："哦，画眉和鸫的叫声真是悦耳啊！"我觉得他们只对鸟儿的叫声感兴趣，却丝毫没有注意到它们的叫声有什么不同。这句评价极其简单，和其他人没什么两样。他们不会留意画眉和鸫的叫声有什么不同。随着年龄的增长，我知道了这是两种完全不同的叫声：鸫的叫声柔软、顺畅，而且时间很长，当另一种声音已经停止的时候，它的声音还在我们耳边回响。

另外一种声音属于"画眉和乌鸫"。它们的叫声人们很难区分，有时我也会把两者弄混，甚至把它们当作一种鸟儿。现在想来，这种分不清种类的情况还真不少，不过这在乡下是极为平常的事。我从来没有听到有人说这样的话："柳林莺的叫声我今天还是头一次听到。""今天早上有只燕雀一直在叫，我真想弄明白它到底叫了多少遍。"他们对这些平日里极为常见的鸟叫声极不关心，我就是在这种氛围里长大的。

从鸟儿的方方面面来说，它的叫声是最招人喜爱的，可是人们对此却不加研究。这到底是怎么回事？答案显而易见，在鸟儿身上，值得人们细心观察的地方很多，但是在这个过程中，视觉总是先于听觉。

若想清晰明了地介绍鸟儿的叫声，并将它们分门别类，并不是一件容易的事。也许，最好的方法就是按照月份来介绍它们。于是，整个上半年，我的时间全都用来观察鸟儿叫声的变化了。并且，我将自己所观察到的情况和自己的感受，一一记录了下来。

鸟儿们在经过繁育阶段后，就进入了换毛阶段。这个时期可长可短，但是在这一时期里，它们是不会再发出任何声音的。或许，在夏天的某段时期，你总能听到有人说："鸟儿们不叫了。"可等到夏天即将过去，或者是秋天刚刚来临的时候，鸟儿们的叫声又重新出现在我们的耳边，这时，我们会说："鸟儿又开始啼叫了。"所以，我猜测在这段时间内，应该有一个月是鸟儿们开始第二次发声的起始月份。

但就算这样，我仍然决定从 1 月份开始我的叙述，虽然在此之前的很长一段时间里，鸟叫声就已经出现了。至于我为什么要这样做，可能有两个原因，一是大部分人都已经习惯了日历的排列顺序；二是，若我不这么做，我会觉得忐忑不安。这就好比说，人们已经习惯了在每年的 1 月 1 日缴纳个人所得税，但政府却突然宣布将缴纳时间改成 4 月 5 日，那么大家一定会感到非常不安。

到 12 月中旬，天黑的时间开始一天比一天早，黄昏和夜晚的时间越来越长。而从 1 月开始，天会亮得越来越早，白天的时间则会慢慢变长。因此，在 1 月我们总能发现，太阳升起的时间越来越早，而落下的时间却越来越晚。另外，一年当中最冷的阶段通常也在这个月，所以，除了作为白天变长的开始，我们也会把 1 月当作天气变暖的开端。尽管气温的变化并不是特别明显，但人们根据科学验证而得出的结论表明，1 月的这种变化是值得注意，也是应该被人们所接受的。

1 月是如此神奇的一个月份，它既是一年的开端，也是漫长寒冬的结尾。现在就让我们来认识一下 1 月吧。我对 1 月的阐述是就其普遍性来说的，适用于每一个正常的冬季。但如果严格按照地区来分，或者是算上气候变暖对鸟儿们的影响，也许就不是这样了。令人感到矛盾的是，这样的异常情况却总有发生。

在诺森伯兰地区的东北部，有一个叫作佛劳顿的地方。那里的土地十分坚硬，而且大多是黏土，海拔也极低，几乎与地平面持平。在我的印象里，那是一块长满了荒草的土地。一眼望去，为数不多的生命坚强地挺立在那里，有一种难以言喻的荒凉感。在离海岸三英里的地方，有一片空旷的草地突兀地耸立出来，形成了一条蜿蜒的脊背。草地的周围是密密麻麻的防护林，防护林里还有两个不大不小的水塘。这两个水塘的周围全是矮小的灌木丛。在我看来，这绝对是鸟儿生活的好场所，虽然它们看上去普普通通，并没有什么惊人之处。

在这个地区能够听到的鸟叫声，在英格兰其他适合鸟儿栖息的地方也能听到。整个 1 月份，这里常常是雨雪交加的恶劣天气。大雪越下越大，甚至会积成厚厚的"雪被子"，有条不紊地盖在这片广阔的土地上。但这里的水塘却不那么容易结冰，在将近半个月的时间里，它们都是不结冰的，甚至有时候这里的水温还能达到 4~5℃。尽管寒冬未去，万物仍在沉睡之中，生命却早就开始为自己的苏醒做早春的准备了。听，那鸟儿的歌声已经传来，清脆动人，兴奋不已。

那么，先让我们来认识一下这种叫作"鸫"的鸟儿吧。这无疑是一种热爱音乐的鸟儿。从每年的 8 月份开始，这种鸟儿就陷入了音乐的海洋中，不断高歌，一直坚持到来年的 7 月份。W.H. 赫德森曾经告诉过我，这种叫作"鸫"的鸟儿，无论是雄鸟还是雌鸟，都能发出美妙的歌声。其实，这与它们的天性有着不可分割的关系。

每到秋天，鸫都会留守在自己的领地之中，严阵以待。它们对于自己领地的执著，甚至到了不允许自己伴侣进入的地步。所以秋天一来，我们总能在它们的领地中听到此起彼伏的歌唱声。布基纳先生为了能够更好地研究这种鸟儿的性别，为它们戴上了爪环。"我们观察了很久，发现鸫这种鸟儿，有时候雌性鸟儿也会发出跟雄性鸟儿一样的叫声。"布基纳先生说。

这倒是与我的观察有些出入。在我的印象中，进入交配繁殖期后，雌性鸫鸟是不会发出叫声的。通常，它们都会安静地待在巢中，专心抚育幼鸟。我曾经很认真地跟踪观察过一对鸫鸟"夫妇"，发现它们中，基本上只有其中一只鸫会长久地鸣叫。而根据我的判断，这只不断鸣叫的鸫应该是一只雄性鸫鸟。

于是，事实上的情况就变成了：在一对共同生活的鸫鸟中，其中一只会不断地鸣叫，而另外一只则会安静地待在一旁，聆听自己伴侣的声音。也有人说，事实也可能是，雄鸟和雌鸟在交替鸣叫。但是根据我的观察，这种假设是不切实际的。我们绝对不要小瞧了这种鸟儿的鸣叫能力。

那么，在春季和秋季这样的季节里，鸫的鸣叫声会不会发生变化呢？根据我的观察，是有变化的。秋天的时候，我们可以明显地感觉到，鸫的叫声听上去更加尖锐和细腻。我的一位朋友对此的理解是，这是鸫用自己的歌声在诉苦。

大概是在 10 月份的时候，我曾经有幸近距离地欣赏过鸫的歌声，那种声音颤动的鸣叫，倒真有些哭诉的意味。等到了春天，鸫的叫声便开始变得精神抖擞起来。这个时候，你若是有机会悄悄接近它们，细细倾听它们的歌声，便会发现，这其中增添了不少欢快的音调。

等到了 4 月份，人们渐渐被树林中各种各样美丽鸟儿的声音所吸引，鸫的叫声逐渐被抛在脑后。然而我们依然能够听到一两声来自鸫的声音，但此时它们的歌声已经不那么容易辨别了，你甚至可能会认为那歌声来自黑顶林莺。

因此，我们讨论这种鸟儿在春天和秋天叫声的不同之处时，也应该结合留存在我们脑海中的印象以及当时我们的心理状态。

在秋季的时候：

当

温暖的阳光渐渐散去，

寒冷的秋风缓缓袭来。

当

透彻人心的雨滴不断落下，

受尽折磨的飞虫匍匐前行。

也正是在这个时候，蔚蓝天空中的太阳逐渐降低，阳光照耀大地的时间逐渐变短。这些变化是如此细微，以至于我们还没有察觉到，它就已经在生活中蔓延开来。而鸫叫声的变化，也在这天气的变化中逐渐体现出来。

4 月份的天气有着让人难以置信的温暖和湿润。万物复苏，阳光和煦，我们在满怀着对黑顶林莺美妙歌声的期待时，却发现此时鸫的叫声已经发生了如此明显的变化。

这个时候我想起一个保守党的朋友曾说过的话："在过去的一段时间里，我们一直认为劳埃德·乔治先生所说的一切都是不好的，但是现在我却死心塌地跟随着他，爱戴他，这到底是因为乔治先生改变了，还是因为我们自己改变了呢？"

这段话让我联想到，现在我们所听到的鸫的叫声，与秋季听到的它的叫声的差别，到底是因为鸫发生了改变？还是作为聆听者的我们发生了变化呢？

实际上，鸫在叫声上的变化，是值得身为聆听者的我们重视的。跟我们身边所有热爱歌唱的鸟儿相比，鸫无疑是叫得最频繁的一种。几乎在一年的每一个月份，我们都能听到这种鸟儿独特的声音。当然前提是我们必须静下心来，认真去体会这散播在空气中的美好声音。当你心平气和，认真聆听的时候，你会发现，就算是在安静的七、八月份，我们也依旧能够听到这种鸟儿的叫声。

尽管在初春的 3 月份，它永远没有办法成为最早鸣叫的鸟儿，以引起人们的注意，但它却是众多鸟儿中最晚停止鸣叫的，这一点连将歌唱当作生命的画眉都做不到。

说完了鸲，接下来就让我们认识一下一种叫作"鹪鹩"的鸟儿吧。鹪鹩跟鸲有相似之处，它们都深深地热爱着歌唱事业，在一年中的大部分时间里，我们都能够清晰地听到它们的歌唱。但跟鸲相比，我们会发现鹪鹩的叫声似乎更加嘹亮好听，响彻云霄。所以不管是在什么时候，就算是在最为安静的月份里，选择去倾听鹪鹩的歌声也是一件值得津津乐道的事。但是当我们被生活中的烦心事所束缚，当我们被生命中的尘埃蒙蔽了双眼时，可能就难以体会到鹪鹩歌声中的快乐和美好了。

7 月的天气温暖而湿润，当然这种晴朗的天气说不定能够让我们产生一种美好的心情，去欣赏鸟儿的歌声。鹪鹩的歌声很特别，那是一种节奏很短的，频率很快的声调，但是持续的时间却非常长。若要形容的话，就好像是一个人在说一句富有韵律的句子，有间隔地停顿，再一遍又一遍地重复。鹪鹩完成一次完整的鸣叫需要很长一段时间，但是它通常会唱完前面的几个音节或者中途就停下来，若无其事地结束这次歌唱。

这就像是我们在学校里面学到的"讲话中断法"一样，话刚刚开头，或者说到一半就停了下来。宛如一个在社交场所如鱼得水的女人，"可是……"这样的转折词刚刚出来，便停止了说话，让人不得不浮想联翩。但是当鹪鹩的身体状况良好的时候，它会坚持鸣叫下去。鹪鹩的这种特质让我想到维多利亚皇后年轻时在一次舞会上所说过的话：它可以凭借自己的意愿，决定是否要继续唱下去。

当然，若是想要很好地欣赏鹪鹩的歌声，我们也必须考虑到它身为鸟儿的天性，以及它声音的特点。鹪鹩的声音十分洪亮清晰，我们在"只闻其声未见其身"

时，总会觉得它应该是一种身材魁梧的鸟儿。还记得初次听到鹪鹩的歌声时，我曾经用"孔武有力"、"威武雄壮"等词来形容它的歌喉。

记得很小的时候，我的母亲就一直教导我，要向这种性格坚毅的鸟儿学习，学习它那种永不言弃的精神。事实上，至少在人类的眼中，它们的勤奋的确值得褒奖。你看，它们如此执著而艰难地鸣叫着，一声一声，间隔的时间极短，却又锲而不舍一遍又一遍地重复着。即使时间再长，也看不出它有丝毫的困倦。

在我遥远的记忆当中，有几个碎片属于鹪鹩的叫声。

很久以前，我站在那高大挺拔的柏树下面，嘹亮美好的鸟叫声从绿色稠密的叶子中传出来，牢牢地抓住了我的心，并让我在很长的一段时间里难以忘怀，也不忍忘怀。一直到了1884年3月，我终于下定决心，要看一看拥有这种美好声音的鸟儿到底长什么样子。于是我就用手中的手杖狠狠地敲击着树干，想要在那些鸟儿飞离枝丫的瞬间一睹它们的风采。

然而从树上飞出来的，是一只淡定的鹪鹩，它似乎不屑地瞟了我一眼，便向其他休息地飞去。一边飞着，一边用嘴巴发出那种人们分外熟悉的叫声。它娇小的身躯与高亢的鸣叫声形成了鲜明的对比，这一幕深深地刻在了我的脑海之中，让我至今也无法忘怀。

之后的几年里，我又有一次机会见到鹪鹩。我们在伊特彻山谷里有一间休息用的茅屋。每当一周的工作结束之后，我们就会离开让人厌倦的伦敦，在周六早上来到这里休假。还记得那是一个十分温暖的早晨，阳光明媚，风和日丽，大概是八点钟的时候，我刚好抵达这里，静静地站在门口欣赏这里的风景。

这里的一切让我感到自己是站在一座满是宝藏的茅屋前。茅屋的前方是一片不大的草地，在距离草地大约10米的地方，伫立着一棵枝繁叶茂的大树，它挺拔而俊朗，站在那儿便是一道风景。我注意到一只鹪鹩突然从树上飞起，向着天空奋勇而去，一边飞翔，一边唱着欢乐的歌。它直直地飞着，从我的头顶上空飞过，又越过茅屋的屋顶，向着远处的天空一路飞去。它鸣叫的声音就像是送给人间的祝福，不断地温暖着人的心灵。

沃兹沃斯也曾经在他的书中提到过与鹟鹩有关的画面。虽然我们所处的位置不同，甚至连心境也是完全不同的，但在这个画面中，他用一段对鹟鹩歌声的描写，来让整个画面变得栩栩如生，这种充满了生命力的描写方式，真让人永生难忘。

在我的记忆中，与鹟鹩第三次相遇是最近的事情。这一次偶遇发生在我居住的绿色屋子的旁边。在这里，有一只自来熟的鹟鹩，它似乎将这里当成了自己的家，毫无顾忌地从天窗里飞进飞出。但是这一次却有些不同，我发现它的声音似乎比平日里更嘹亮，而且它也停止了飞行，站在门外的树枝上面一动不动。它这么做的原因倒是可以看出来，因为在它的对面，还有另外一只鹟鹩在努力地鸣叫，我想这或许是它们之间的一场歌唱决斗吧。

于是我安静地站在一旁观察它们的战争，我发现它们的比拼似乎也有一些特殊的规定：它们不会在同一时间鸣叫，当一只鸟儿在鸣叫时，另外一只会侧耳倾听，等到它的鸣叫结束，另外一只鸟儿才会开始以鸣叫回应。现在我眼前就是这样一幅场景。住在绿色屋子里的那只鹟鹩已经与人类比较熟悉，尽管它依旧对人类怀有戒心，不会让人类过于靠近它，但是现在，它一心沉醉在和同伴的比拼中，反而忽略了人类的存在，这让我有机会慢慢靠近它。就是因为这场决斗，我在很近的地方默默地观察了它很久，我们相距也就两三英尺，甚至比这更近。

然而它们完全没有注意到我的存在，还是像刚才一样继续着斗争。我仔细地观赏着离我较近的那只鹟鹩，这鸟儿的神情极为专注，认真地听着对方的歌声，当轮到自己歌唱的时候，它便声嘶力竭地开唱，像是要将自己所有的生命都用声音表达出来一样。

当然，这种鸟儿也并不总是这样"用生命的力量"鸣叫。等到秋天来临，寒风吹来，万物开始为过冬做准备时，鹡鸰的声音便不再能经常听到。也只有在偶然的情况下，人们才会听到从不知道什么方向传来的一两声低沉的鸣叫声。

沃兹沃斯曾经用这样的语言描述过这个时候鹡鸰的鸣叫声：

偶尔，能听到她在风中歌唱的声音，

细柔的声音中，透露出无限的悲凉。

在这样的环境下，你万万预料不到，此时最动听的声音居然是鹡鸰发出来的。这歌声是如此的婉转、悦耳，使人沉浸其中，难以自拔。人们不但喜欢它们的歌声，而且还很难忘记它们的歌声。虽然世界上还有很多鸟儿的歌声比其更加优美，但是人们听到最多的，还是它们的歌声，它们给人们带来很多欢乐，这也是人们之所以将其永留脑海的原因之一。

下面，我们将要谈到的鸟儿，虽然也会歌唱，但它们的体型却更加引人注目。它们的体型非常庞大，是我所见过的最大的鸟儿，这就是橭鸫。只在特殊情况下，它才会发出饱含情感的声音。这就如同其他鸟儿一样，只在求偶的时候，才会发出愉快的声音。这样的歌声与那些传递信号的警鸣截然不同，像白腰杓鹬、山鹬和棕色猫头鹰都是如此。

在冬天刚过了一半的时候，橭鸫就已经开始鸣叫了，但我还是把它当成是从1月份开始鸣叫的。只要听到它的歌声，我就知道，春天来了。橭鸫每年都会栖息在相同的地方歌唱，在开唱之前，它会先摆好姿势，然后才开始不慌不忙地歌唱。这与之前所提及的那些鸟儿完全不同，它们往往在离开巢，或者是寻找食物时才会鸣叫。比如鸧在飞离巢时就会歌唱；而鹡鸰则在捕食时才会鸣叫。

另外，林莺类鸟儿会在夏天开始鸣叫。

当然，鹪鹩选择的鸣叫地点也是很有讲究的。它会先找一个很高，但自己又能飞上去的地方，然后才摆开架势歌唱，而且它每天都会去同一地点。如果你有幸见到它正在歌唱，你会感觉到它简直就是一位神气的歌唱家。不过，我觉得它们的歌声倒更像是一句短语。说到这里，我再给大家介绍一种对鸣禽类的分类。一共分三种类型：第一种是以鹪鹩和乌鸫为代表的鸟儿，它们通常发出鹪鹩这种短语般的声音，停顿且不断反复，音调变化不大；第二种是以柳林莺为代表的鸟儿，它们的叫声更像是一个长句子，不断重复同样的鸣叫，间隔时长与鸣叫时长一样；第三种是以歌鸫为代表的鸟儿，它们的歌声似乎是在诉说着什么，声音不断变化，让你无法预料它下一句将会发出什么样的声音。

鹪鹩的歌声在1月至2月，最能引起人们的注意。这倒不是说它们此时的歌声最美妙，实际上它们在4月发出的叫声才是最优美的，只是那时会有其他鸟儿与之相比，所以人们感觉不出来而已。1月和2月，在大多数鸟儿还未开嗓之前，它就已经先声夺人了。人们从它们的歌声中，体会到了什么是勇敢，什么是纯粹，什么是幸福。它们的歌声虽然不像乌鸫的歌声那么柔肠百转，但却同样能给人以感动。

1月份的一个大风天气里，乌鸫正在到处寻找避风的巢，因此无暇歌唱，这时候，鹪鹩的歌声从高处清晰地传了过来，异常嘹亮。每到此时，人们会不由自主地说一句："好天气坏天气，全都在鹪鹩的声音里。"根据以往的经验，大多数鸟儿们都不喜欢大风天气，而鹪鹩却不以为然，完全不受这种天气的影响。

今年的风暴提前来临了，往年鹪鹩停靠的那棵大树早已枯死，可是鹪鹩仍然飞到了那棵树上，站在那光秃秃的树干上，昂首挺胸地唱着歌，似乎在向大家展示它的快乐。我个人认为，我们每一年都应该满怀感激地向槲鸫致敬，因为在某一年的 4 月份，我曾在罗斯郡见到过一只槲鸫。它所发出的声音和以往我所听到的完全不同，而就在这一地方，我多次听到了它的叫声。

在 1 月份说起鸣禽类鸟儿，就不得不说大山雀。从本月开始，它就进入歌唱的队伍了，要知道，我们以前只有在春天才能听到它的歌声。大山雀的歌声虽然有点儿像拉大锯的声音，但这并不代表它的声音是一成不变的，与其他鸟儿一样，它也能发出各种声音。我当初第一次见到大山雀的时候，并不认识它们，还以为它们是棕柳莺一类的鸟儿，因为我在见到它们之前，就已经认识棕柳莺了。

在这个月份，开始鸣叫的鸟儿有很多，大山雀的歌声其实算不了什么。这种嘹亮而清脆的声音，实在无法与那些婉转的歌声相提并论。那些对大山雀有所了解的人，只要一听大山雀声音的尖锐程度，就知道它的喙是粗还是细。

与其他鸟儿相比，大山雀实在是个不折不扣的捣蛋鬼。接下来我所说的故事，就能很好地证明这一点。为了捕捉那些讨厌的老鼠以及其他小动物，我家的花园里设置了许多种陷阱。其中一种陷阱是用笼子做的，但凡有小动物从入口进去了，就很难从出口跑出来。有一天，我发现一只林岩鹨（我翻找了一些鸟类书籍，才确定了它的名字，在此之前我一直以为它叫"篱雀"，后来发现，林岩鹨与篱雀是两种完全不同的鸟儿，它们的外形虽然相似，但是在习性和饮食上却截然不同。艾米丽·博若特就知道这种鸟，他不但知道它叫什么，还知道它常常为杜鹃养育后代）和一只大山雀钻进了笼子里。

据我推测，林岩鹨是误打误撞不小心钻进笼子的，而大山雀极有可能是尾随它进去的。当然了，我们也无法确定大山雀为何要尾随林岩鹨，或许真像莎士比亚说的那样，"找到了可乘之机"才走了进去。无论如何，结果实在令人咋舌。当我去检查这只笼子的时候，实在同情那只林岩鹨，它躺在笼子里，已经死了，头骨碎了，脑浆也已经被吸食了。而那只大山雀却没有死，毫无疑问，大山雀必定是"凶手"。

"那你最后把这只山雀怎么样了？"

"夫人，我认为在这件事情上，我们不能用人类的道德标准去评判一只动物，所以我把它放走了。"

而且，我们人类不也和那只大山雀一样吗？杀死其他动物，来填饱自己的肚肠。

除此之外，我还留意过蓝山雀、沼泽山雀和煤山雀等几种常见山雀的叫声。它们的叫声虽然并不相同，却都透露着春天的气息。在我的记忆深处，一直回响着蓝山雀的叫声。在这么多的山雀当中，我最喜欢蓝山雀。它不但长得非常漂亮，声音还非常好听，总能给我带来一丝快乐的感觉。一直以来，我都会把柳山雀和沼泽山雀弄混，现在视力下降后，我就更加区分不开它们了。

有一次，我看见了一只凤头山雀，却没有听见它的叫声，从它的行为举止来看，与蓝山雀非常相似，我想它的叫声应该也与蓝山雀没有多大区别。相较而言，长尾山雀的叫声却很少发生变化，哪怕是在繁殖生育期里。它只能发出两种极为相似的声音，一种音调比较高，像是山雀在呼喊一样，与金翅雀相差无几，另一种声音则比较轻柔，一年四季都能听到，只是这种嘎嘎声不太像歌声，倒是像山雀之间的语言沟通。

在本话题告一段落之前，我觉得很有必要再说说大山雀的欺骗行为。当时，我离那只山雀非常近，可以看得很清楚，它发出一种"格达、格达"的声音，与燕雀的声音神似。就这样，我盯着它看了好久，它的声音跟燕雀的声音真是太像了，要不是亲眼目睹，我绝不会相信这是大山雀的叫声，而会误以为是燕雀在叫。不过，这只山雀是雄是雌，到现在我也不知道，就连当时的确切时间，我也忘记了，但可以肯定的是，那时树叶已经掉光了，那只山雀是站在一棵没有树叶的矮树上表演的。

即便如此，我们也不得不承认，山雀的叫声确实能为花园、树林带来更多的生趣，极大地丰富了鸟儿歌声的种类。

说到这里，很有必要再说一下另一位歌唱家，那就是画眉。不过，你要追问是什么地方的画眉，我难以回答了，到底是埃文河畔的还是在伊特彻河谷的，我也分不清。若是询问时间，我就会准确地告诉你，那是在 11 月，因为画眉每年都是过了夏天才开始歌唱。要是天气好，它会一直唱到第二年的 7 月中旬。

那天是礼拜天，我正在英格兰南部徒步旅行。忽然，一阵画眉的叫声引起了我的注意，于是我发现一只画眉，它正在选择午餐的地点。这让我很高兴，因为在英格兰，大约有两个月的时间，是休想在花园或者树林里听到它们的叫声的，这跟佛劳顿地区的画眉差别很大。要是你的运气好，此时能在萝卜地里发现它们的身影，因为这里有它们爱吃的食物，足够吸引它们飞过来。当萝卜被吃光或者被拔光以后，它们也不会回到花园或者树林里去，因为它们知道那里非常危险。每年的这个时候，总会有糟糕的天气来临，而乌鸫就占据着画眉鸟巢附近的胶树，以便等待画眉飞回巢时出其不意地向它们发起进攻，进而将其吃掉。倘若有一只不知死活的画眉独自飞出去，那么这种悲剧就更可能发生了。

在春天，人们随时都能见到画眉和乌鸫的身影。但是冬天一来，这些再平常不过的鸟儿们都去哪里了？后来，有人发现，很多画眉飞到近海的陆地上去了。（或许有人会想到高尔夫球场，因为有很多著名的高尔夫球场都建在近海的草地上，如果你抱有这种想法，那就错了，画眉出现的地区虽然离大海非常近，却都是地表崎岖的地区）在这些地方，能找到非常多的蜗牛壳，它们就散布在那些圆石旁边。说到这里，你应该能猜到画眉为什么会飞到这里来了吧?

关于画眉在秋天或者冬天是否会迁徙到佛劳顿地区,我无从知晓,也未曾考察。但是我认为,即便它们真的迁徙到这个地方,也不是没有道理的。首先,这里离大海不远;其次,这里有很多蜗牛可供食用。这些条件,足以吸引画眉飞到这里。需要说明的是,对于哪些画眉来自花园和树林,哪些画眉来自其他地区,我根本无法辨别。在鸟类世界中,画眉是出了名的温顺。在汉普郡乡下,每年除了12月和1月,画眉的身影随处可见。在这两个月里,我的确没见到过它们的踪影,虽然我没有在这里居住过,但我始终认为,它们在这两个月里不会全部飞走。据我观察,它们一般会在这里住上三年五载,因为我每年都能在这里看见一些鸲或者小画眉。

在秋天的佛劳顿,人们想要听到画眉的声音,是根本不可能的。只有等到来年的1月份,画眉陆续回到花园的时候,人们才能重新听到它们的叫声,有时候甚至要等到2月份。但是有一年的冬天,因为天气比较暖和,我便有幸听到了画眉的叫声,那天应该是1月11日,所以1月份也被当成是画眉开始歌唱的月份。

画眉的歌声有千百种变化,每一种声音都不重复,你完全无法掌握它发声的先后顺序。它能发出一些你完全没听过的音调,不过这些音调往往都不好听,所以当我们听见它发出"它干了没有"这种短语式的音调时,通常都会捂住耳朵。它并不会一直重复这一句,在鸣叫两三声之后,它就会变换成其他音调。

与此同时,画眉的鸣叫方式也深深地刻在了我的脑海里:它在歌唱之前,通常会先调试一下音准。在黎明或傍晚时分,它们经常会飞到高大的树上放声大唱,持续时间很长,而且是保持同一个姿势。它首先会选好一棵树,以后只要轻车熟路地过来就可以了,它在唱歌时中间偶尔会停顿一下,就好像我们人类在清嗓子,或者是调试音准。

假如把鸟儿的叫声当作是它取悦人类的一种方式，那么画眉应该是英国最受欢迎的鸟了。虽然它的声音不是最优美的，但也绝不是最差的。毋庸置疑，它的歌声是鸟类中最重要的歌声之一。它之所以会得到人们的认可，与其三个特点有关：首先，它们的数量占据鸟类数量的绝对优势；其次，它们叫的声音最持久；第三，它们的叫声无时无刻不在大家的耳边回响。

在英格兰南部，人们听得最多的是鸫的叫声，其次就是画眉的叫声。画眉的叫声总是能给人带来快乐，它似乎非常愿意这样做，并且成功地做到了这一点。画眉偶尔也会发出一些莫名其妙的声音，这也是它声音中的一部分。

多年前，我曾经在佛劳顿地区饲养了一些水禽，其中有种叫白面鸣鸭的鸭子。这种鸭子非常不好养，成活率很低，但即便如此，其中有一只还是活了近两年时间。这种鸭子很温顺，对人也非常友善，每当有人向它走近时，它就会发出一种口哨式的鸣叫声，就像在向你致敬。这种叫声是我的花园里最为特殊的声音。某年的1月，这只鸭子寿终正寝了，但是第二年的4月，当我们从东部再次回到这里时，却听见了一种与其极为相似的声音，就在池塘边的冷杉树上。后来，我终于弄清楚，这是画眉在模仿鸭子的声音，等到夏天来临的时候，我们再也没有听到这种声音。令人欣慰的是，在这段时间里，我每天都能听到画眉模仿鸭子的叫声。

在埃文河山谷的威斯佛德花园里，还发生了另一件与画眉有关的事。这里的画眉在每年的5月和6月，会不断重复两种声音。这两种声音与之前的声音截然不同，停顿、重复、单调而嘹亮，让人不胜其烦，但又挥之不去。

去年，我和妻子亲眼目睹了画眉鸣叫时的状态，它离我们是多么近啊！它当时发出的声音跟以前一样，那么悦耳，那么婉转。我开始好奇起来，在这样的时节里，它发出这种声音是极为反常的。这声音不像是模仿其他鸟类的叫声。不过，根据它的叫声，倒是可以把它归类到"单调一族"里去。这种声音从未在秋季或者冬季出现过，可是春天一来就出现了，像棕林莺或者柳林莺开嗓一样引人注意。

说起1月份的鸣禽类鸟儿，有两种是一定要提一下的，一般情况下，人们只有在北方才能听见它们的叫声。第一种就是椋鸟（人们之所以称它为椋鸟，或许跟它那富有音阶性的歌声有关），在整个秋天，我们都能听见它们的叫声。椋鸟喜欢成群结队地出行，一到黄昏，它们就全都飞到那些树叶掉光的树上，肆意地发出各种稀奇古怪的声音。当然啦，这其中有属于它们自己的声音，也有模仿其他鸟儿的声音。我能辨别出哪种声音是椋鸟真正的声音——那是一种略似男孩口哨声的声音。

很多动物都是椋鸟模仿的对象，例如嘈杂的家禽，叽叽喳喳的麻雀，如泣如诉的凤头麦鸡等。谁也无法预料它们下一秒会发出什么声音。虽然它们本身的音质不及乌鸫那么好听，但是它们也能发出一些让人愉悦的声音。不过，它们发出的哨声倒是可以和乌鸫相媲美，在2月份，我曾多次停下脚步倾听这种哨声。第一次听见这种哨声时，我还以为是乌鸫的叫声，当我又听到其他一些喧闹声之后，才明白这是椋鸟发出的声音。

春季来临时，如果椋鸟栖息地附近生活着白腰杓鹬，那它一定会模仿白腰杓鹬的声音。如果你听过白腰杓鹬的歌声，你一定会赞叹不止，这种声音或许只有白腰杓鹬才能鸣叫出来。然而这却难不倒椋鸟，它们向来乐意模仿，那种惟妙惟肖的声音一定会让你拍案叫绝。从这个层面来看，椋鸟就像是我们生活中的留声机，它会自动选择那些好听的声音记忆下来，然后再模仿叫出来，取悦大家。

我曾养过一只很听话、很乖巧的山鹬。不幸的是，它在去年也就是1925年9月走丢了。不久后，我偶然听见花园里传来了类似山鹬的声音，跟我的山鹬的叫声非常像，以至于让我重新燃起希望，以为我的山鹬又回来了。之后的几个夜晚，我又断断续续听到了这种声音。我已经反复将花园里的每一个角落都找遍了，可是很遗憾，没有发现任何山鹬的踪影。虽然我从来没有找到过这种鸟儿，但我敢肯定地说，它一定是椋鸟。因为我曾经听到过这种鸟儿的叫声。

在我位于佛劳顿的房子前面，有一片茂密的草地，上面孤独地屹立着一棵年代久远的老榆树。年复一年，这棵年事已高的榆树日渐衰败，顶部的许多老树干已然枯死，但它还是那么巨大，盘踞在花园中的一大块空地上。九、十月份的时候，榆树顶端那枯死的树干，成了小椋鸟们的乐园。它们总是在黄昏时分飞到这儿来嬉戏玩耍。它们当中的活跃分子，会扯开喉咙放声高歌。每当这个时候，我总是饶有兴趣地坐下来，欣赏这些从它们嘴里发出的美妙旋律，以及那变化多端的音调。

在本章将要结束时，我再给读者们介绍一种鸟儿——河乌。在寒冷的1月份，人们总能听到河乌们欢快的叫声，能看到它们的身影，丝毫不受恶劣天气的影响。即便此时已经是数九寒天，大地覆盖了一层银白的雪花，河水、溪水也已经慢慢结冻。它们时常站在半结冰的溪流中的大块石头上，不厌其烦地鸣叫着。

河乌喜欢玩水，经常搅得溪水哗哗作响。有趣的是，它们的叫声，竟然与溪水的哗哗声配合得天衣无缝、浑然一体，听起来甜美极了。我们无法分辨出这可爱的混合声是从何时开始的，又会在何时结束，它仿佛就是一种天然的"低吟浅唱"声，被灌进了鸟儿们的嗓子里，又从那儿跑了出来，变成了一种小溪流动的歌声。

在佛劳顿，我亲眼见过这种鸟儿。那时恰巧溪流的河道变得非常狭窄，刚好容得下人们把脚伸下去。所以，人们得以慢慢靠近溪水中的鸟儿，带着无限愉悦和佩服的心情，近距离欣赏它们美妙的歌声。

这种鸟儿的胆子非常大，我曾经亲眼目睹。那是3月的一个周末，发生在萨瑟兰郡。在风雪交加的天气中，行人们举步维艰，走得小心翼翼。人们要不断扫除街道上的积雪，才能保证汽车顺畅行驶。河面上早就结起了厚厚的冰，小河俨然成了平坦的冰道。在这样的天气中，自然界的小公民们都非常恐惧，非常无助，人们不时可以看到在雪地里乱蹦的松鸡，还有淹没在雪中的山羊。

当时，我正和朋友在大雪中漫步，突然听到几声清脆的河乌叫声，好像是从小溪上游传来的。那声音听起来中气十足，完全没有受恶劣天气的影响，虽然其他的小生命已经被这鬼天气压迫得近乎窒息，但是面对这荒凉而萧条的冬季，河乌们却不慌不忙、引吭高歌，这一情景深深地震撼了我。直到现在，我依然能清楚地回忆起，冬天里的河乌们那英姿勃发的身影。

第二章 2月和3月：歌声渐起的时候

在 1 月的时候，我们就已经能够听到棕色猫头鹰的叫声了，但是它的主要活动时间却是在秋季，因为 1 月份的环境并不利于猫头鹰活动，所以 1 月的时候，我并没有向大家介绍。

但是你们千万不要据此判定，所有的鸟儿都会在 1 月份从冬眠中醒来，然后跳上枝头愉快地歌唱。有些鸟儿我们虽然在 1 月份的时候介绍过，但是这些鸟儿不一定是 1 月份的"宠儿"，也许在其他月份，它们的叫声会更加好听。

事实上，从 1 月份就开始鸣叫的鸟儿是很少的。1 月份算得上是一年中鸟叫声最少的月份了。12 月刚开始的时候，榆树和橡树上的树叶还没有落光，秋天的脚步还没有走远。1 月初的平均气温比 3 月初还要高。因为温度比较适宜，乌头汁和融化的雪水慢慢渗入到了泥土里。从 1 月份开始，就有新的生命和希望在寒冷的天气里默默孕育了。树上的花呀、叶呀都在这个时候开始发芽。如果我们剥开一个小小的、紧紧抱在一起的苞芽闻一闻，尝一尝，闭上眼睛，我们就会感觉到自己仿佛已经被这种气息带到了夏天。在炎炎夏日里，花园里的花都已经开得很热闹了，黑醋栗树的枝头也挂满了果子，这让我们开始希望秋天收获的时节快一点儿到来。

1月里，每天的平均温度不会有很大变化。到了1月29日，每日的气温会上升3.28~4.28℃左右。到2月22日的时候，气温上升的速度将会减缓，温度逐渐稳定下来，虽然偶尔会因为特殊原因出现上下波动，但是基本都会保持在3.97℃左右。

虽然这个时候依然是寒冷的，但是冬眠中的生命却并不会嫌这个温度太冷，它们在这个时候就想要"起床"了。它们争先恐后地醒来，享受着还带有一丝冷意的清新空气。随着日照时间的延长，大地每一天都会接受到更多的阳光。站在阳光下，就能够感受到太阳给我们带来的温暖。阳光下的大地依然接受着乌头汁和雪水的滋润，在花园的角落里，我们甚至能够看到急切炫耀美丽的紫罗兰的身影；野生金银花的红褐色叶片上沾了很多从柳树上飘下来的柳絮；红蜡栗开始慢慢发出嫩芽，有了绿意。

我将把2月和3月合并起来一起介绍。因为在这两个月里，多数没有迁徙特性的本地鸟儿会开始放声歌唱。

我最先介绍的这两种鸟儿，名字分别叫作林岩鹨和旋木雀。如果幸运的话，我们在1月份的时候就能听到这两种鸟儿的叫声，但是它们通常要到2月才会开始活动，它们的叫声也要到2月份才会大量出现。今年我就是在2月份的时候，才听到林岩鹨歌唱。

无论是颜色还是神态动作，林岩鹨都会给人一种安详优雅的感觉。和其他的小鸟相比，它给人留下的最深印象是谦和、温顺。可就是这样的"谦谦君子"，却会产下色彩斑斓的卵。它的歌声异常洪亮，总让人觉得透着一股兴奋劲儿。

和林岩鹨的优雅外形相比，它的叫声一点儿也没有谦和温顺的意味，实在是没有特点。它的声音和别的鸟儿并没有多大差别，这就导致我们在欣赏这种鸟儿的歌声时，总是无法将它的外形和它的歌声联系到一起。

在欣赏林岩鹨的时候，我们会遇到一个不小的麻烦，那就是如果仅凭叫声，我们一般无法认出它。问题是，大多数时候我们分辨鸟儿的种类，都要根据它们的叫声来分。所有鸟儿的叫声都有专属于自身的特点，以便与其他鸟儿的相区分，只要我们仔细听，就能够分辨出它们的种类。鸟类学家们在分辨鸟儿种类的时候，主要依靠的就是鸟儿的叫声。就像我们要在人群中辨别自己的好朋友一样，我们主要是靠听说话的声音，而不是一个一个挨个去看。这样一来，在我们遇到林岩鹨时，如果是先听它的叫声，然后才看到它的外形，就无法很快叫出它的名字。

但是，林岩鹨的叫声也并不是完全无法分辨出来。前面我们说过，它的叫声里总是透露出一股兴奋劲儿。这种兴奋劲儿充满了激情，会让人觉得振奋。林岩鹨也是胆子很大的鸟儿，和许多鸟儿不同，它并不十分害怕人类，反而会因为一些天性的原因和人亲近。小花园里有许多豌豆秸秆，那是人们收集来备用的，林岩鹨很喜欢这些豌豆秸秆，便把家安在豌豆秸秆里。这里成了林岩鹨最喜欢的"隐居"地。它通常会选择一些引人注目的位置放声歌唱，比如小屋或者花园高墙的顶端。如果不是它用这样的方式来吸引人们的眼球，人们一般是不会注意到它的。它们经常跑到屋子或者花园后面去活动，在这些地方我们很容易看到它们。它们在这里唱歌，好像是在告诉我们："我并不害怕你们哦，我想和你们成为好朋友。"

旋木雀的叫声总是非常动听，扣人心弦，仿佛一丝一缕地渗入到了我们心里一样。它的歌声最早在1月的时候就能听到。大部分人都分辨不出旋木雀和金翅雀的声音。很多时候我们听到旋木雀的叫声，就会想起金翅雀。这两种鸟儿的声音，会让很多不熟悉它们的人将它们弄混。但是，只要我们仔细去听，就能听出它们声音里不同的特点。这样一来，区分旋木雀和金翅雀的叫声就是一件非常容易的事了。

如果你读过其他关于鸟类的书籍就会发现，那些书上都会说旋木雀的叫声是非常稀有的声音，因为很少有人能听到它们的叫声。但这样的说法并不正确。1915 年，俄国军队在战场上连续遭受多次失败，在很长一段时间里，收到的都是战败的消息。但是突然有一天，他们却赢得了一场胜利，消息传来的时候，人们都不敢相信。于是就有人说："千万不要以为俄国人不会取得胜利。"对于旋木雀来说，我们也可以说："千万不要以为它是不会叫的。"

每年到了 4 月，人们在萨瑟兰郡河边用鱼竿钓鳗鱼的时候，就会有许多旋木雀和金翅雀在河对岸那片由云杉、橡树和山毛榉树组成的森林里唱歌。它们每天都会鸣叫很长一段时间。所以在河边垂钓的人总是能够听到它们的歌声。虽然如此，但也有人认为旋木雀是最随性的"歌唱家"，它们想唱的时候就唱，不想唱的时候就不唱。

如果你哪天忽然想到森林里听旋木雀的叫声，也许你会失望。因为你可能会正巧撞上旋木雀不想唱歌的时候。而且，旋木雀并不是只在 2 月份出现。如果幸运，在其他或早或晚的时候，我们也能听到它们的歌声。当然，如果是在其他时间听到它的歌声，总会让我们惊喜万分。

旋木雀唱歌并不是为了引起同类注意，它只是高兴了就唱，不高兴就不唱。它也没有固定的"舞台"来进行自己的演出。它总是在大树上流连，从这棵树到那棵树，从这片森林到那片森林。旋木雀还有一个特点：它在鸣叫的时候，会将嘴巴——喙——尽可能地张大。

上面我们说了旋木雀的叫声，你们一定开始好奇旋木雀到底长什么样子了吧？别着急，我们慢慢来认识它：它的喙非常纤细，很适合吟唱；它的背上有很美丽的棕色花纹，腹部是白色的，远远看去就像是穿着一件棕色的华丽外衣；它的身体从头部到尾巴形成了一种很优美的、微微向上倾斜的线条。它永远是直立在树上的，我们几乎看不到它头朝下在树上活动。因此，当它在一棵树上完成了自己的任务之后，就会飞到另一棵树上从下往上开始劳动。

旋木雀是一种非常勤快的鸟儿，我们几乎看不到它休息"偷懒"的时候。它总是在那些粗大的树干、树枝上忙碌，鲜见它"欺负"那些柔嫩的小枝条。除非为了筑巢，否则它不会像啄木鸟那样在树上钻洞。佛劳顿有一些美国红杉，树皮呈红色，而且非常柔软，它的表面有很多小洞，就像天然形成的小小的椅子。在这些小洞的下方，我们常常会发现许多被小鸟抓过的痕迹。这说明，这些小洞曾经被小鸟当作过休息或睡觉的地方。这种小鸟很有可能就是旋木雀。

林岩鹨和旋木雀介绍完了，接下来要为你们介绍的是两种非常重要，也非常常见的鸟——燕雀和乌鸫。每年年初，我们都能听到燕雀和乌鸫的叫声，这是一件非常有意义的事。

在佛劳顿，燕雀第一次开口唱歌，很可能是在每年的 2 月 5 日这一天。但是如果在这一天我们没有听到，也不要着急，因为它可能会推迟第一次唱歌的时间。燕雀一旦开口，它们的叫声就会渐渐增多。燕雀的叫声非常悠扬，活泼灵动。沃德·福勒在他的著作里，对燕雀的叫声有一个非常形象的比喻，他认为："燕雀的叫声就像是板球在转动力的作用下，以非常快的节奏和速度朝球门冲过去。"燕雀在发出第一声鸣叫之后，会休息很长一段时间，我们在这段时间里不会再听到它的叫声。

有些人批评燕雀的叫声一成不变，总是在重复，没有新鲜感。但是，我们要明白，虽然这样让人有些难以忍受，但对于燕雀来说，这是它能表达自己愉快和幸福的唯一方式。如果燕雀是人，它会将自己心里最美好的祝福用这种"唠叨"的方式送给它的朋友们。因此，当我们理解了燕雀这种单一的表达祝福和幸福的方式之后，就应该对它抱以宽容的态度，并从心底去欣赏它。

燕雀的叫声并不像旋木雀那样稀有，从 2 月开始一直到 7 月，它们的声音可以说是不绝于耳，我们走到哪里都能听到。正因为如此，燕雀的叫声在众多鸟儿的叫声中并不突出。但是，我们可以想象一下，不管我们在屋子里还是在户外，不管我们是在草地上还是在山坡上，总会有一只燕雀陪伴着我们，用它热烈的"歌声"为我们伴奏，这样的生活该是多么快乐啊！

每当我回忆起过去的美好时光，总会有一只燕雀的身影在我的脑海深处浮现。它的歌声在我的心中有非常重要的意义。大约在 5 月底 6 月初的时候，我都会从那个死板、僵化、没有一丝激情的伦敦会议中"逃跑"出来。那时候阳光明媚，我在佛劳顿的家有一个很大的院子，院子四周有高高的围墙。我总是能在南边角落的围墙上看到那只燕雀。自从我发现它之后，它的歌声几乎伴随了我在佛劳顿的整个假期。无论我走到哪里，它都能够对我热情地歌唱。它就像是天使一样，为我带来快乐。此后每当我回想起曾经的幸福时光，脑海里总会浮现燕雀的身影，还有它那仿佛一直萦绕在耳边的欢快的歌声。

燕雀的歌声会一直持续到 6 月结束。哪怕是在 6 月的最后一周，它的歌声也一点儿都不马虎，依旧高亢嘹亮。但是从 7 月开始，它就会沉寂下来。虽然 9 月份我们偶尔还会听到几声，但是它却并不能算作是秋天"歌唱家"群体中的一员。

接下来我们说说乌鸫的叫声。对你们来说，乌鸫可能是一种很陌生的鸟儿。但是你们知道吗，乌鸫的叫声是非常清脆好听的。在 2 月快要结束的时候，春光明媚，空气芬芳，世界透着一片生机勃勃的景象。在槲鸫和鸫的欢快叫声中会响起乌鸫的第一次歌唱。我以前曾经提到过，西奥多·罗斯福是如何凭借自己敏锐的听力，在为数众多的鸟叫声中分辨出乌鸫的声音的，从此之后他就认为乌鸫的叫声是所有鸟叫声中最优美动听的。

为什么乌鸫的叫声要比其他鸟儿的叫声好听？对此我们无法作出解释。聆听它的叫声，我们会误以为它在与我们对话，因为乌鸫的叫声就像是一串词语，能够有节奏地一遍遍重复。乌鸫非常专一，它们唱歌时通常会选择一个窝点作为舞台，但偶尔它们也会更换窝点，甚至还会一边唱一边"搬家"。当它们一边唱歌，一边在鲜花盛开的森林里来回飞舞的时候，总会给我们一种感觉——这片森林已经装不下它们的歌声了。乌鸫的叫声大体相同，但有时候会有个别乌鸫因为某种原因发出和其他乌鸫不一样的叫声。通过这种独特的叫声，我们就能够分辨出每一只乌鸫。乌鸫通常会在同一个地方每天鸣叫，直到它们鸣叫的季节结束。

乌鸫的叫声在每一次结束的时候，都会带出一种近似于吱吱声的尾音。这种吱吱的声音破坏了乌鸫原本完美的歌唱，就像是我们在舞台上唱一首非常优美的歌，但是到了最后一句时，却忽然跑调了一样。

约翰·莫利在他的回忆录中记录了他和朋友到瑞纳参观的事。从这本书中，我们不只可以学会如何让老人对事物产生兴趣，还能够感受到作家气势恢弘的语言。他在回忆录里记录的事是这样的：莫利和朋友本来想去看一出歌剧，但是因为在瑞纳的遭遇而导致对这出歌剧没有多大兴趣了，于是他们没有去。莫利说他们没去看歌剧，原因是要收拾行李。乌鸫的叫声就像是莫利没去看的歌剧一样，只因为某些原因，一出本来很美的歌剧就不再吸引人。乌鸫的叫声因为有了这吱吱声，也变得不再完美，就像是一个动人心魄的故事忽然就结束了，而我们还意犹未尽。

虽然乌鸫的叫声有这样的不完美之处，但是这一点儿小小的败笔并不能抵消乌鸫优美的声音。而且我们在一年之中只有短短4个月可以听到乌鸫歌唱。一般来说，乌鸫要到3月才会开始鸣叫，但到了6月，它们的鸣叫就会早早结束。6月停止歌唱之后，它们就进入了换毛期。这个时候的它们，看起来并不好看，却依旧能够得到我们的喜爱。

我曾经在 7 月份的时候，还在公园里听到过乌鸫的叫声。我怀疑这只鸟儿之所以这么晚了依然在鸣叫，是因为它是从别人的笼子里逃出来的，它没有交配，因此保留了旺盛的精力，让它的换毛期推迟了。对此我还愤愤不平了很久。我想，既然在 7 月的时候乌鸫依然能够鸣叫，那么政府就应该为我们这些喜欢听乌鸫鸣叫的人采取一些措施，以延缓它的换羽期，让它的歌声能在 7 月继续下去。因为这对于那些生活在城市石头森林里的人来说，是一种非常重要的，得以亲近大自然的享受。

关于乌鸫的叫声，我们还应该知道：在 5 月份的时候我们应该在太阳出来之前起床，走到户外去听一听鸟儿们的"合奏"。在日出前的半小时内，鸟儿们会伴着启明星开始一天的吟唱。到了这个时候，我们应当认真地去听群鸟的歌唱，并在这些繁杂的歌唱声中找出乌鸫的歌声，然后细细体会这种声音的音色音质。不用担心分辨不出乌鸫的声音，只要用心去听，乌鸫的声音在群鸟的合奏中是非常容易被分辨出来的。

在这段时间，其他鸟儿也会渐渐加入到歌唱的行列中来。黄鹂的叫声是非常有特点的。说起那些有着悦耳动听声音的鸟儿，我们一定会想起黄鹂。与英国其他一些同类的鸟儿相比，黄鹂的鸣唱开始得很早。在英国，人们用一句名言来形容黄鹂的叫声——"无奶酪的面包屑"。

和燕雀一样，黄鹂的叫声在刚刚开始的几天里总是零散细碎，无法连贯流畅地"唱完一整首歌"。它总会在唱出前半段之后忽然停止，好像是对自己唱的歌还不熟悉。这种情况我们可以比喻为：黄鹂还没有调制好属于它自己的"奶酪"。黄鹂的舞台不在美国红杉树上，也不在云杉树上，而是在路边的树篱上，它总是在上面驻足歌唱。在乡下，从正在歌唱的黄鹂身边走过简直是最美丽的场景。

在 2 月的最后一个星期里，黄鹂开始了高声歌唱，它们甚至会相邀比试，就像少数民族的对歌一样，你方唱罢我登场。夏季是黄鹂唱歌的主要时节，这时候黄鹂的歌声会持续很长一段时间，一直到 8 月才会停止。它的叫声算不上高亢强劲，也算不上旋律优美，但是它却天生就有吸引人的优势：第一，每一只黄鹂都爱唱歌，对于我们人类来说，它的歌声并不陌生；第二，它选择的舞台非常好，人们很容易就能看到它，注意力也会很快被它吸引。

如果我们用望远镜去观察它，很容易就能把它辨认出来。它的头是黄色的，背上带着棕色的非常丰富的花纹，这让我们看到过一次就无法忘记。我在很久以前曾经和朋友一起去森林里观赏过黄鹂。我们藏在一片金雀花的灌木丛里，这只黄鹂就停在我们附近的灌木上，和它在一起的还有一只朱顶雀和一只石鹏。它们都已经成年，身上的羽毛绚丽多彩。我们透过望远镜欣赏它们，不由得感叹自己运气真好，能在这里一次遇到这么多平时难以观察到的鸟。

下面将要介绍的歌声来自云雀。虽然我们都听说过它的名字，但对于我们来说，云雀依然是一种陌生的小鸟。英国伟大的诗人雪莱和华兹华斯都写过赞美云雀的诗歌。为什么这小小的鸟儿能够被这两位伟大的诗人所赞美呢？下面我们就来看看云雀到底有什么不同。云雀在唱歌的时候并不像其他鸟儿那样是静止的，它无论是飞向天空还是从天空中俯冲下来，歌声都从未停止过。它这样的行为仿佛是在告诉我们，它在飞行的时候是非常快乐的。

云雀的叫声非常规律，一般每隔两分钟就能听到一次。一般情况下，云雀不会将自己隐藏在树叶后面唱歌，当我们听到它的歌声时，同时也会看到它的身影。看加上听，双重的保障我们就不会把它和其他鸟儿混淆在一起了。和其他许多的鸟儿一样，云雀只生活在大自然的环境中，在城市里很难见到它们的身影。站在森林里的空地上，我们仰望天空，总能看到云雀小小的身影从蓝蓝的天空划过，带来一阵甜美悦耳的叫声，也将它们无忧无虑的快乐带给了每一个看到它们的人。云雀是一种适应能力很强的鸟儿，在有树、开阔的荒地上它们都能生存。

在英国，云雀是乡村所特有的一种动物。有一年4月，我请一位老守林人为我当向导，去森林里考察。那一天天气非常好，当我们穿过森林中的空地时，我意外发现有许多云雀在我们头顶欢唱。听着经久不息的"歌声"，老守林人很高兴地说："云雀的数量又增加了，你看它们一直在叫呢。"看他对着天空自言自语的神态，我相信云雀已经成为了他生活的一部分。

当我了解到他从来没有去过伦敦的时候，我就为他安排了一个星期的伦敦游。在伦敦，他对于那些自己从来没有见过的东西兴趣盎然，我们还一起坐了公共汽车，看了伦敦拥挤的人潮。老守林人最后感慨说："城市就像是蜂巢蚁穴一样。"他还说自己实在是忍受不了城市里的生活，因为在这里他看不到一棵树，也看不到随时都在头顶盘旋的云雀。

老守林人为什么这么喜爱云雀？我并不理解。因为我从来没有和那些栖息在森林里的云雀一起生活过。我对它们的了解仅仅限于几次非常短暂的旅行中的见闻。我曾到云雀出没的地方游玩过一两次，而且每一次我都是在云雀开始鸣叫的时节才动身。它的叫声对我而言，就像是对我这位远道而来的游客的欢迎。我一直没有机会和它们亲密接触，因为每一次我看到它们的时候，它们都自由自在地飞翔于蓝天之上，好像在寻找更好的舞台，以尽情释放自己歌唱的天赋。虽然偶尔也能够看到云雀停在树上鸣叫，但是它大部分的歌唱，都是在天空中飞翔时进行的，这让我们觉得鸣叫就是它飞翔的一部分。云雀的另外一个特点是它的尾巴很短。当它飞在天空中时，它身后的短尾巴会让人联想到蝙蝠。

因为云雀一直生活在森林里的空地上，所以我们很难在城市里看到它，当然就更不可能领略到它甜美的歌声了。这对于生活在城市里的我们来说，真是不小的损失。

接下来要介绍的是草地鹨。它是一种天生就很文静的鸟儿，原因就是它的叫声非常微弱。它飞行的高度只有 20 英尺或者多一点儿，不算很高。当它从地上起飞，到达这个高度之后，就会像一架降落伞一样从空中滑落。在滑落的过程中，它会发出非常微弱的鸣叫声，不像其他鸟儿那样清脆高亢。

和云雀一样，草地鹨的叫声也是伴随着它的飞行出现的，是它飞行的一部分。草地鹨是一种十分常见的鸟儿，早春，当我们在野外水边垂钓的时候，总是会见到这种鸟儿。虽然它的叫声不如云雀清脆好听，甚至它细声细气的鸣叫声都传不了多远，但是这种鸟儿却依然能够为我们春天的郊外之行带来乐趣，让我们在旅行中总是带着快乐的心情。

草地鹨的鸣叫并不惹人注意，它们最大的特点在于它们身上散发出的一种非常强烈的气味。对于猎狗来说，这种浓重的气味仿佛弥漫于旷野的每一个角落。当猎狗们带着捕获松鸡的任务在草地上搜寻的时候，草地鹨身上的这种气味会使它们成为猎狗的目标。猎狗在打猎者的带领下，执行针对松鸡的搜寻任务，在见到草地鹨之前，它们保持着高度警戒，但是当草丛中的草地鹨被猎狗惊起飞向天空的时候，猎狗就知道这不是自己的目标，因而不会对草地鹨造成伤害。

接下来我们来谈一谈英国最小的鸟儿——戴菊鸟。当我们熟悉了这种鸟儿的叫声之后就会发现，这种鸟儿的叫声非常普遍。在二、三月份，我们几乎可以随时听见它们的鸣叫声。戴菊鸟主要在冷杉树林中活动，却不局限于这样的地方，只要是在和冷杉树一样能够满足它们生存条件的地方，都可以看到它们的身影。戴菊鸟的叫声非常尖细，仿佛在针尖上一样，但是音调却很高。它的声音虽然很小，但是在安静的春日里仍然能够传很远，就像是一条小溪在铺满鹅卵石的河流中流淌一般。也许会有很多人不赞同我这样的比喻，但是我们只要知道，戴菊鸟的叫声会让我们心情愉悦就可以了。

要观察戴菊鸟并不是一件容易的事，因为它们活动的场所并不固定。除了声音尖细之外，戴菊鸟的另一个特点是胆大。它一点儿也不害羞，也不温顺。它所表现出来的大胆，跟那些弱小的昆虫挑战比自己大的物种时所表现出来的大胆有一拼。与大多数鸟儿不同的是，它对人类并没有戒心，也不会远远躲开人类，而其他鸟儿是绝对做不到这一点的。曾有一次我蹲在灌木丛中一动不动地观察它，它很淡定地走到我前面不远处，仿佛在对我说"你想看就看吧"。

第三章 4月：鸣禽的回归

通过前两章的介绍，我们似乎又回到了春光灿烂的3月。我如此详细的叙述，相信大家也一定能想象出很多鸟儿竞相啼叫的情景了。

在春天，还有一些鸟儿的歌声，我们也能听到，虽然我们很少提到，但是它们的歌声也颇为重要。比如林鸽的低声鸣叫、白腰杓鹬和凤头麦鸡那具有春天气息的叫声，还有沙锥鸟的叫声。它们的歌声不仅具有"歌声"本身的定义，而且还赋予了"歌声"更为广阔的定义，唯有这样的歌声才能被人所理解和接受。接下来的几章，我将会重点讲述这些鸟儿。

在3月晴朗的天气里，我们可以听到鸟儿彼起此伏、声音嘹亮的歌声，但是这并不是说3月就是它们叫声最嘹亮的一个月。乔治·梅瑞迪斯曾写过一本书，在书中他提到：2月，西北风呼呼作响，吹开了鸟儿交配的帷幕，但是3月，东北风却让鸟儿们重归沉寂。歌德称3月份的很多日子，是"扼杀生命的化身"。在这些日子里，寒风似乎要将复苏的生命重新吹回去。而且，一年当中，2月和

3 月的寒风最为凛冽。

湿润的生活环境,是鸟儿们生活的理想场所,但是 2 月和 3 月的平均湿度却低于其他月份(由于不列颠群岛各个地区的降水量存在差异,因此,关于每个月份的干湿程度,数据统计也都不尽相同。但一年之中,最干旱的月份其实是 4 月,其次是 2 月。但有趣的是,人们习惯于将这两个最为干燥的月份,与天气的潮湿情况联系在一起。比如人们常说的一句话"2 月江河满,4 月阴雨稠"就是这个道理)。

"2 月江河满"这句话虽然有些误导大家,但还是有一定道理的。因为秋冬季之后的雨水以及融化了的雪水,正慢慢渗透到土壤中,于是就出现了井水满溢、河水充盈的现象。但是,这个月份寒风呼啸,天气实在太冷了,所有处于复苏中的生命都受到了压制,鸟儿们也不打算求偶了。但是在 2 月和 3 月的早期,仍然会有好天气出现。在这些日子里,晴空万里,微风和畅,与往日的天气形成了鲜明的对比;鸟儿的"歌唱"声,预示着生命开始复苏,同时也向人们证明,生长和繁殖是压制不住的。

而此时,夏天已然在南方登陆。那些为躲避冬日严寒而飞到温暖非洲去的鸟儿们开始回归。石枸鹬悄无声息地回到了我们身边,嘀谷鸟也开始在汉普郡的上空盘旋,这一切都如此熟悉,以至于我们有种错觉,仿佛它们整个冬天都未曾离开过这片土地。灰沙燕属于燕子类,它比其他鸟儿要更早出现,一般在 3 月末之前,我们就能看到灰沙燕的身影,另外,棕林莺也会如期而至。

有些人会通过鸟儿的叫声来判断一年的进程,当第一声棕林莺的叫声传入他们的耳边时,他们就知道一个新的阶段开始了。到目前为止,我们所提及的鸟儿,基本上整年都会留在我们身边,但棕林莺却是个例外,当我们听见棕林莺的叫声时,不仅意味着它们的鸣叫季节到了,更代表着它们又一次回到了我们身边。从上次听到它们的歌声至今,鸟儿们已经有过两次远行的经历:一次是在秋天的时候，它们离开我们飞向远方，另一次则是它们从远方飞回我们身边。

在所有回归的鸣禽中，林莺鸟的叫声，是我最想听到的一种，甚至在3月的时候，我就已经迫不及待了。但是这种鸟儿要从很远的地方起飞，要到4月份才能飞到这里。棕林莺的歌声，是所有鸟儿鸣唱的先声。因此，它们的到来会给树林、草地和花园带来更多的鸟叫声，鸟儿们的叫声交织成一曲"自然狂想曲"。这就是我们为何如此期待第一声棕林莺叫声的原因，因为这是一种象征、一份承诺和一份即将到来的保证。

从体型上来看，棕林莺非常娇小。我并不打算给"鸣禽"及"鸣唱"类的鸟儿下明确的定义，因为这些词语已经与夏季中某些特定的鸟儿紧密联系在了一起，这让我不得不继续沿用下去。人们已经习惯将这些会"鸣唱"的鸟儿归入"鸣禽"的行列，因为这并没有什么明确的规定和严格的判断标准。

但是，"鸣唱"的概念却有着严格的界定，所以我也不知道棕林莺是否属于这一种类。不过换个角度看，如果所有鸟儿的叫声都可以称之为"鸣唱"的话，那么柳林莺自然属于此列。而且，根据棕林莺和柳林莺的亲缘关系来看，它们同属于一支族系，因此，棕林莺也必然属于"鸣禽"的范畴之内。这两者在外表、习性、取食、栖息和筑巢等方面有着诸多相似之处。但是它们在这方面越相似，就越凸显了它们在叫声上的差异。从它们发音的时节和方式来看，棕林莺似乎总是很卖力地在我们面前献技，无论在什么情况下，至少我的看法是如此。

但是也有一些人对此持不同的观点，在他们看来，啁啾声就是棕林莺叫声的体现。但事实上，棕林莺的叫声是由两种看似不同，实则有着相同神韵的声调组成，这些声调的表达形式都是"歌"，而神韵就存在于两种声调反复转换的间歇中。只有仔细听过它们这两种声调的人，才能体会到鸟儿们的良苦用心。而且它们显得有些孜孜不倦，就像纺织梭一样来回不停地鸣叫着。从以上两点来说，这种鸟儿堪称是活力无限、叫声不绝的典型例子。

在威斯佛德的花园里，有不止一对鸟儿生活在那里，在一天之内的很长一段时间里，我们可以频繁听到它们的叫声，以至于花园里的人们对这种声音耳熟能详。要不是早已知道它们的声音来源于同一区域，我们极有可能会误以为它们遍布在花园的每个角落。不过棕林莺也有沉寂的时候，那就是当它们处于繁殖期的时候，这一点与其他鸟儿别无二致。但是，一到了6月底的时候，它们就又开始日复一日地鸣叫起来，仿佛，除了鸣叫，他们再无其他事可做了。

到了4月和5月的时候，鸟儿的叫声开始显得有点儿精力不足、力不从心，但是人们还是可以听到它们重复不断的鸣叫声。从这个时候开始，直到9月，鸟儿们都处于沉寂状态。一旦它们的能量有所恢复，便又会继续"歌唱"。此后的声音会非常平和，似乎是在向人们道别，直到鸟儿飞往南方，这种声音才消失。

事实上，棕林莺这个名称的由来，与其叫声也是有关系的。由于它们的叫声非常独特，所以人们很容易就能记住它们的名字。但是，与棕林莺有着亲缘关系的鸟儿，它们的名字就没有这么幸运啦。比如柳林莺，大部分情况下，人们称其为"柳䳭䳭"。人们一般在4月初的时候，才能见到这种鸟儿。在我看来，人们把它们称为"柳䳭䳭"，非常不合适，这就像人们用"篱雀"来称呼林岩鹨一样，着实让人讨厌。其实，这种鸟儿并不属于䳭䳭类。

䳭䳭类的鸟儿具有非常鲜明的特征，以至于在英国众多的鸟类中，它们能够独享这个名字，而其他种类的鸟儿就没有这种荣誉了。可是有一些人的说辞，常常会误导大家。比如说人们会将戴菊鸟称为"金翅䳭䳭"，将柳林莺称为"柳䳭䳭"，我想这可能跟它们经常在柳树间活动有关系，因为大部分鸟儿通常只在大树上和灌木丛中活动。

我曾发现在有很多"柳䳭䳭"的地方，既没有柳树，也没有适合柳树生长的潮湿土壤。但是也没什么必要再重新给这种鸟儿起名字了，既然"柳林莺"

这个普遍使用的名字已经存在了，即使它不具有很好的分辨性，但是我个人还是建议继续使用。这种鸟儿在所有夏季鸣禽中，占的比例非常大，至少我还没见到英格兰的哪个地区没有这种鸟儿。它们的数量在佛劳顿的树林里尤其多，多到"未见其影，先闻其声"的程度。

我会在五、六月份的时候去树林里，这个时候一只接一只的柳林莺就开始鸣叫起来了，声音此起彼伏、不绝于耳，一整天都能听到它们的鸣叫声，每天如此。想要不听这些鸟儿的声音似乎是不太可能的。由于当时我还不确定到底是什么鸟儿发出的这种声音，于是我将这种鸟儿起名为"永恒鸟"，因为它们的声音从未停止过。

在英格兰的南部，人们早在 4 月份的第一个星期，就盼望着能听到这种鸟儿的叫声。它们的叫声，音调细腻柔和，连贯通顺，就像在说一句完整的话，它们会不断重复这句"话"，但是这种鸟儿的歌唱，并没有什么目的性。当它在灌木丛中飞行的时候，会发出这种声音，当它在寻找昆虫的时候，也会发出这种声音。它的叫声有一种特有的音质，非常好听，在如泣如诉的声音中，似乎包含着某种哀怨的情绪和求助的欲望。每当我听到这种叫声的时候，那感觉就犹如夏季里下了一场雨，舒适而沁人心脾，仿佛它们的声音可以伸手抓住。在我听来，其他鸟儿的叫声，或聒噪，或虚假，或嚣张，或激昂，而柳林莺的叫声则完全没有这种感觉。

人们习惯于从鸟儿身上找寻快乐和乐趣，对于人们来说，能在每年春天听到柳林莺的第一声啼叫，是一件多么令人高兴的事情。在夏季的换毛期，它们沉寂下来，这种沉寂会一直持续到 9 月份，之后它们便又会活跃起来。不过，令人遗憾的是，它们此时的歌声与之前相比，少了很多音调，而且听起来明显微弱了。这重新唱响的歌声中，似乎隐含着无数辛酸，人们开始沉思，并缅怀过去。无论任何时间，任何地点，它们的歌声总能带给我这样的心情。在毫无声息的情况下，柳林莺已经悄然离去。而另一块大陆（也就是非洲）就是它们的目的地，但是它们要飞跃千山万水才能够到达，那就是它们过冬的地方。

棕林莺和柳林莺时常会让人们想起林莺。这种鸟儿在行为习性上，与前两种鸟儿有很大的不同，但是在其他方面，它们又有着诸多相似之处。林莺（正如我之前所说，我还是更喜欢这个名字，而非"林中鹟鹩"）这个名字也容易被人记住。这种鸟儿通常生活在树林里，很少涉足花园和灌木丛，这一点倒是与棕林莺和柳林莺一样。大树是它们栖息和活动的地点，尤其是山毛榉树和橡树的树干。它们根本不会瞧灌木丛一眼，因为它们在意的是树林。树林中的地面是光秃秃的，就如同我们在山毛榉树下见到的情形一样。

林莺的颜色要比柳林莺的颜色更艳丽，从体型上来看，林莺也显得更大一些。它们的翅膀非常宽大，以至于让人们觉得它的尾巴非常短小。虽然这种样子会让林莺看起来缺了几分纤巧，不过却增添了几分活力。

林莺的叫声很有特色，由两种叫声组成。这是两种截然不同的声音，以至于人们不用靠近，就可以辨认由一只鸟儿发出的两种不同叫声。更棒的是，我们可以很清晰地观察这种鸟儿，虽然它们喜欢在大树的顶端活动，但是它们也会出现在一些较低的树枝上，大概距离我们的眼睛只有几英尺。

它们在那里捕食和鸣叫，非常专注，而且具有极大的安全感和自信心，似乎它们一点也不介意人们在一旁观看。人们的视野并没有被那些交错的树枝挡住，因为大树是向四周伸展的。阻碍我们观察小鸟的是那些与大树生长在一起的灌木丛。

5月初是观察林莺并聆听它们声音的最佳时间。那个时候，山毛榉树的树叶还处于成长阶段，嫩叶的颜色与鸟儿身上的黄色及浅绿色相映成趣，犹如一幅画。鸟儿们欢快的身姿，也为这些稚嫩的树叶平添了几分秀色与生气。鸟儿与树木和谐共处的美景确实难以用语言形容。人们对它们带有颤音的嘶嘶鸣叫声非常熟悉，但是，倘若是真正懂得欣赏鸟儿鸣叫的人，就应该将其叫声和其鸣叫时的样子结合起来，这样才能真正体会到它们叫声中的快乐。只有亲身经历过这种美好的画面，它才能永存在我们的脑海中。等到我们以后回想起来的时候，它们的叫声就会给我们带来无限欣喜。

它们还会发出另一种声调的叫声，这种叫声非常清晰，且极具穿透力。它们一般会连续重复大概 9 到 10 次这样的声音。这种声音无疑也是它们表达情感的方式，正如其他叫声一样。但是"说者无心，听者有意"，这种哀怨的声音在人们听来，具有一种强烈的悲伤感，凄凄惨惨，仿佛它在饱含泪水诉说着什么。

林莺有时候会不间断地发出这种声音，但是大部分时间，人们听到的是它们极为普通的声音。它们会一次次不停地重复这种声调，间隔时间非常短，以至于人们无法听清里面的哀怨。当然，在我们遇到这种情况时，通常会对林莺产生不完整的印象。因为只有当这两种叫声形成鲜明对比的时候，才会突显出这种鸟儿的独特性。事实上拥有这种独特性的鸟儿也是罕见的。

沃德·福勒的一本书上曾提到过，在他最初认识林莺的时候，也曾因为林莺的这种叫声而困惑不已。当时，他认为自己遇到的一定是两种不同的鸟儿。我早在认识林莺之前，就已经对这方面的知识有了一定了解。因此，当我第一次听到它的叫声时，我就知道当年沃德·福勒所描述的困惑究竟是什么。对我来说，这两种音调上的差异并不是什么难解之谜，只不过是它们表达情感的不同方式而已。

我想再向大家介绍两位"高音歌唱家"——黑顶林莺和园林莺。这两种鸟儿，无论是在习性、声音、筑巢方面，还是在生活方式方面都非常像，这一点会让人误以为它们是互相妒忌对方。在汉普郡茅舍的附近有一处白垩坑，它的周围遍布荆棘、黑刺李、野玫瑰和接骨木，另外还耸立着一些橡树、桦树和榆树。我观察了这个白垩坑将近 33 年，发现每年都会有一对黑顶林莺在这里筑巢。在之后的几年里，每当到了 5 月初的时候，我就会听到一些园林莺的叫声。但是，很快这种叫声就销声匿迹了，只剩下黑顶林莺在那里唱"独角戏"。

对于这一情况，我猜想可能是因为这里环境良好，所以它们想将这里作为营巢之地，可是黑顶林莺却先它们一步将这里作为自己的领地了，并将它们驱逐出境，以防它们在这里"安营扎寨"。但是，仍有一些其他鸟儿在此停留，例如柳林莺和常见的芦林莺、夜莺，甚至连灰林莺也在此停留过一段时间。在这些鸟儿中，我唯一没见过的就是和它们种类相同或者类似的鸟儿。因此我做出推断：或许黑顶林莺可以容忍那些和自己差异性较大的物种在自己的领地内活动，但是无法容忍那些和自己相似的鸟儿（比如园林莺）共享一片天地。

这一情况也说明了，物种关系太接近的鸟儿，无法接受对方和自己生活在同一个领地内。我不知道棕林莺和柳林莺之间，是否也存在这种相互排斥的情况。首先，从外貌上看，它们的相似程度，要远远超过黑顶林莺和园林莺的相似程度；其次，它们叫声的相似度，却没有黑顶林莺和园林莺的像，实在难下定论。不过，若将所有鸟儿全都铺开来说，这样的情况在英国众多的鸣禽中还是非常普遍的。所以我认为，鸟儿们相似的鸣叫声，才是导致它们彼此间相互排斥的真正原因，而不是因为它们的外貌，或者习性上。

从行为上来讲，黑顶林莺和园林莺的差别很大，虽然它们的外貌和大小上有些相似。黑顶林莺的雄鸟和雌鸟，在羽毛上是有所不同的，单从这一点来看，它和众多的林莺类鸟儿都不一样。虽然它们主要的色调都是淡灰色，但是雄鸟的头部是黑色的，而雌鸟的头部顶端则呈现出深棕色。园林莺的颜色和柳林莺的相似，都是深绿和黄色混杂在一起。其实，它和大柳林莺看起来非常相似，都属于没有眼部条纹的鸟儿，它们的雄鸟和雌鸟在体型大小和颜色上也非常相近。

黑顶林莺的叫声甜美而动听，我在听过它们的叫声之后，就将它、乌鸫和夜莺并列，看作是英国鸣禽中的第一流"歌唱家"。黑顶林莺的叫声很响亮，听起来非常甜美，充满生气。它们的叫声不会持续很长时间，但是重复的次数非常多。虽然它们的叫声没有太多的变化，但是世事无完美，至少在我听来，它们的叫声中没有哪一个声调让我失望过。它们的音调虽然不能像乌鸫那样激发出我们内心的情感，但是听它们歌唱绝对是一件愉悦身心的事情。我很早以前就听人们提起过黑顶林莺，人们形容它是站在城堡门前顽皮的孩子在"尽情哼唱"。

园林莺也是一位出色的"歌唱家"，从某种层面上来说，它的歌声甚至超过了黑顶林莺。它的歌唱持续时间长，但是缺少了黑顶林莺叫声中的那股子清纯、响亮和婉转自如。我认为，黑顶林莺叫声中的某些音符和园林莺叫声中的某些音符是相似的，我有时候甚至分不清到底是哪一种鸟儿在鸣叫。虽然园林莺的叫声能持续很长一段时间，但是黑顶林莺的叫声听起来更加嘹亮，似乎是放开喉咙尽情而唱，这一点略胜于园林莺。总之，园林莺的歌声仍然无法达到黑顶林莺的那种境界。

在对这两种鸟儿的比较结束后，还是像我开始说的那样，我将把它们放在一起进行描述，以结束我对它们的介绍。我所熟知的鸣禽中，除了夜莺之外，它们可能是体型较大的鸟儿了，并且它们的叫声也比其他鸟儿更加嘹亮。这两种鸟儿的分布极为广泛，几乎跟柳林莺一样。在我曾经住过的乡村里，几乎每个时节都可以见到它们的身影。虽然这两种鸟儿之间还有诸多不同，但是对于喜欢听鸟儿叫的人来说，能够听到它们中间任何一位的歌声，都是人生一件幸事。

其他鸟儿，也会在4月份陆续抵达我们所在的地方。伴随着它们到来的是多姿多彩的大自然以及增色颇多的英国乡村风情。但是，它们的叫声在鸟儿中显得过于逊色。水蒲苇莺和芦莺，是那些在山谷小溪中垂钓的人们较为熟悉的鸟儿。这些人会在第一时间觉察到这些鸟儿的到来，不过要听到芦莺的叫声还需要等到 5 月份。

我们习惯用拟人的方式来描述水蒲苇莺，但此举并非为了将这种鸟儿的性质和特点进行文学描述，而是为了更好地表达人们在观察这种鸟儿的外表和行为时所产生的印象。水蒲苇莺可以称得上是鸟儿中的"喜剧小品演员"，它们眼眶周围的条纹为其外表增添了一丝滑稽的意味，而且它们的行为举止也非常有趣可爱。它们的叫声听起来与芦莺差不多，但是在声调方面，它们的叫声却显得有点儿尖细。

这种鸟儿还具有模仿其他鸟儿叫的本领。沃德·福勒曾经在他的一本书中（正是前面引述的那本书）描写过这个场景：似乎它们是在嘲弄乌鸦，这些原本就神经紧张的鸟儿因此受惊而四处逃窜，慌张乱飞。人们时常会见到这种鸟儿从小溪边厚厚的菅茅中出现，它们几乎是从垂钓者的脚底下飞过，似乎要给人们制造出一种假象——它们的巢就在它们飞出的这片芦苇荡中。

有时候人们还会见到它们在芦苇丛中活动，看起来就像是要给芦莺一些帮助和支持。但是有时候人们也会看到它们在一些并不靠近水源，干燥的灌木丛中活动，它们好像是在向人们证明，它们并不在意与水毗邻的环境，这与我们之前认为的它们不会轻易离开这种环境的观点相悖。它们似乎永远不知疲倦，白天的时候它们活泼好动，叫声嘈杂，晚上的时候它们也会发出鸣叫声。如果你有过在野外过夜的情况，就有可能听到一些鸟儿，尤其是林岩鹨，偶尔发出的一段动听美妙的歌声。除了夜莺和蝗莺之外，一整晚叫个不停的鸟儿就是水蒲苇莺了。虽然它的叫声缺乏和谐的韵律，但是能够在夜晚听到这种鸟儿的叫声，还是不由得让人兴致勃勃。

芦莺名字的由来并不复杂，人们根本不需要去费脑筋。芦莺的生活区域，全都集中在长着芦苇的河床内，例如诺福克地区广袤的芦苇荡，就是这种鸟儿的栖息之地。只要是有芦苇的地方，就会看到一两对芦莺。据说，有些人在远离芦苇荡的地方，也见到了它们的身影。它们所居住的芦苇荡，生长着那种普通而细长的芦苇，菅茅或者其他相近的芦苇，都无法满足它们的要求。

芦莺身上的色彩，给人一种静谧舒适的感觉，它们的叫声虽然略显单调，却比水蒲苇莺的叫声更有韵律，更为悦耳。它们经常站在芦苇的茎秆上不停地唱歌，若不是近距离观察的话，人们压根就看不到它们的身影。芦莺和水蒲苇莺，经常会因为周围一些轻微的动静而鸣叫。有一次我跟朋友经过一个木板浮桥，浮桥连接着伊特彻河两端的草地，浮桥中间的一段正好穿越了一片芦苇地。我的朋友对芦莺的叫声有点儿陌生，所以他期待能听到它们的叫声。凑巧的是，在距离我们两三米的地方停落着一只芦莺，它看见我们便开始鸣唱起来。我们不仅能听到它的叫声，还能看到它的身影。突然，它的叫声戛然而止，可是它依然停留在原来的地方。

我问朋友："你还想听到更多芦莺的叫声吗？"

"是的，非常想。"朋友回答。于是我捡起几块小碎石，投向了那只鸟儿所在的芦苇丛中，很快，它们的叫声又响了起来。可是我的朋友却非常地愤慨，直到现在，他依然以为我当初是要杀死那只鸟儿。

芦苇荡的风景也是独具一格的。值得一提的是，在2月份和3月份时的艳阳天里，芦苇荡仍然处于去年遗留下来的淡黄色之中，春天的气息还未到达这里。在阳光的照耀下，茎顶已经发黑的羽毛状头部，发射出银色的光芒，风儿的吹动让其像羽毛般轻轻点头。虽然这时候鸣禽们尚未到达这里，但是芦苇荡却别具一番风韵。试想一下这样的场景：在福诺克地区的芦苇荡里，在这样的天气里，芦苇荡呈现出一片米黄色，充盈的河水在蓝天的映衬下，显得愈发湛蓝，所有这些组成了一幅美丽的画卷。

5月份之后芦苇开始变绿，渐渐生长，芦莺也相继抵达这里，它们叫声的可辨识度非常高。6月份里的好天气是聆听它们叫声的最好时节。那时候，微风吹动，芦苇发出轻微的瑟瑟声，这种声音与鸟儿连绵不断的叫声混合在一起，异常动听。这时候，我们就可以体会到芦莺所居住的"世界"，同时还有芦莺叫声中的特征。

灰林莺有两种，一种较为常见，一种比较罕见，通常它们都会在4月份出现。从形体上看，它们没有什么不同之处，但是从色彩上看，常见的灰林莺的颜色比另一种更为鲜艳。常见的鸟儿更引人注意一些，并且具有非常可爱的习性。

它们的叫声听起来有些急促，总是一副匆忙或者轻微愤怒的样子。有时候它们的声调和神态看起来就像是在责备人。它们喜欢停落在路边长满厚厚的青草的树篱上，看来，它们是想用这种方式引起我们的注意，偶尔，它们也会飞到长满荆棘的树丛和树林间活动。我们之前已经说了太多关于它们的叫声的特点，但是在这里，我还是要再补充一些。它们能给人们留下深刻的印象，是因为它们的叫声能够给人们激动、欣喜、活力以及持久的毅力。在它们的栖息地，这也成了最让人欣喜的一大特色。

罕见的灰林莺虽然在外表上和上述的鸟儿很像，但是在习性上却有很大差别。这种灰林莺的性格有点儿孤僻，因此不太引人注意。我从未见过这种鸟儿在路边的树篱上停留。反而是那些僻静之所，比如废弃了的白垩坑树丛，还是能发现它们的身影的。它和那种常见的鸟儿有一点不同，那就是它们喜欢在大树上栖居。

这种鸟儿喜欢找一些灌木枝来营建自己的巢，而常见的灰林莺，却喜欢用荨麻或者其他的草木的枝叶来营建巢。它们的叫声，似乎与六、七月份温暖的天气有着密切的关系。因为它们的叫声单调而重复，在重复鸣叫一段时间后，就会停一段时间。总而言之，这两种鸟儿在安静与喧嚣之间，有着天壤之别。

有一次，我听到这种罕见的灰林莺发出一种和常见的灰林莺非常相似的叫声。但是一开始我并没有注意，直到我听到了它的另一种叫声——就像我上面描述的那样——单调而重复，我才意识到这种情况的发生。当时我还住在汉普郡，那对鸟儿的巢离我的房屋非常近，对这种不常见的灰林莺的观察及了解，基本上都是源于我在南方乡村的那段日子。但是，我在佛劳顿的时候，也曾不止一次地听到过这种叫声，佛劳顿与其他地方无异，也能经常看到那些常见的灰林莺。

4月时，还会有一些其他的鸟儿回到我们身边，其中最受关注的要属秧鸡和杜鹃。按一般的逻辑来看，鸣禽类鸟儿本不应该在本章介绍，然而，其中有四种鸟儿，却颇受人们的关注。

在数量上，树鹨要比草地鹨多一些。顾名思义，树鹨主要在树上栖居生活。人们可以经常见到这种鸟儿从树的顶端展翅高飞，然后像一把降落伞一样滑行。正是在从一棵树降落到另一棵树的过程中，鸟儿们发出了鸣叫声。树鹨的声音非常洪亮，这种洪亮甚至保持到每一个音节的末尾处。有时候，它们还停落在树上，就开始鸣叫。这种习性不免让人觉得有点儿遗憾，因为在空中滑翔时候的"歌声"，才是其飞翔时快乐的体现，才是其"歌声"最有特色的部分。虽然我抱怨这种鸟儿没有将自己的歌声，和自由飞翔的快乐一并展示给人们，但是我想树鹨是有权利这样做的。

在鸣禽的行列之中还有一种鸟儿，但是这种鸟儿和其他鸣禽又有所不同，它们之间的差异之大，以至于我无法将其单纯地当作鸣禽来对待。这种叫作"蝗莺"的鸟儿，会在4月份的时候到来。它的叫声和蚱蜢的叫声有点儿像，不过更显粗狂和洪亮，和那些轻轻转动的卷线筒发出的声音非常像。无论从行为、表达、动机，还是从意图等方面来看，它的叫声听起来都像是一首歌。在进入生育繁殖期的时候，它的叫声就无影无踪了，但是一旦它再次鸣叫，它的声音会显得更加精力充沛而又中气十足。它的叫声绵延不断，似乎整个过程中都不需要换气。

蝗莺在这点上与柳林莺和林莺不同，后者在树间飞行时发出的鸣叫是间歇性的，而蝗莺是全身心投入到"歌唱"中，这是一种心无旁骛的歌唱。正因为如此，它们偶尔还会停落在矮小的柳树枝上，专心致志地"唱歌"。在唱歌的时候，它的身体保持不动，而它的小脑袋则会从身体的一侧摆动到另一侧，俨然一副"歌唱家"的架势。

夏天到来的时候，夜晚开始变得暖和起来，蝗莺就化身成了夜间的歌唱家。在威斯佛德地区靠近河边的花园四周，有一片贫瘠的沼泽地，我记得在 1922 年的时候，这里有一只蝗莺停落在一棵低矮的柳树上鸣唱，它的歌声一直持续到夜间。这只鸟儿在歌唱的时候全情投入，丝毫不怕人。白天，人们可以在与蝗莺相距几米远的地方观察它，于是就可以欣赏到它全情投入的样子了。

在距离伊特彻河山谷一英里处，有一个崎岖不平野草丛生的地方，经常有两对或者三对蝗莺在那里活动。六、七月份温暖的午后，当所有鸟儿的暮歌都停歇下来的时候，人们会听到蝗莺的歌唱。根据这一点，我很自然地认为，蝗莺的歌声是与光线的明暗及白昼的始末联系在一起的。我熟悉它们的每一块领地，每一年我都盼望鸟儿在这里出现，然后每个傍晚，在静谧的暮色中，它们的歌声都能伴我回家。那时候我会穿着防水靴走在河岸边，我的防水靴踩在草地上的声音与鸟儿的鸣叫声混合在一起，相映成趣。

如果大家之前没有听过这种鸟儿的叫声，要想发现它们，会有一些难度。因为它们形体非常小，而且通体发黑，这样一来，它们活动起来便极不起眼，就像躲在茂密荒草中的老鼠一样，而它们的巢就建在这种环境里。它们的叫声听起来非常干涩，有点儿像口腔上颚缺乏水分。似乎它们正在用一种非同寻常的怪异模样，来吸引大家的注意，而不是用甜美的歌声来取悦人们。从习性上说，它们喜欢安静，但是它们叫声中所保持下来的持久性，却让人印象深刻，人们会觉得它们在竭尽全力地用"歌声"抒发己乐。

4 月份的鸟儿中，还有红尾鸲和夜莺这两种鸟儿需要被关注，在此我要对它们作一些介绍。

虽然红尾鸲在"歌唱家"的行列中，并不是那么显著，可是有一件事情却非常有意义，那就是我们能亲耳分辨出它们的叫声，或者当我们漫步于林中的时候，就能听到它们的叫声在我们耳边响起。我想，或许是因为一些不为人知的原因，让这些鸟儿对类似于白垩坑那样的山谷不是很感兴趣，因此我在伊特彻的房屋附近以及埃文河山谷的威斯佛德地区，都没有见过它们。但是在佛劳顿，每年我都可以见到至少四对这样的鸟儿。

今年，我曾让一位朋友仔细聆听它们的叫声，我想说明一下，在这之前我从来没听过它们的叫声。仔细聆听了一段时间之后，我的朋友告诉我，这种鸟儿前半段的叫声让他想起了苍头燕雀，恰好，在我们附近正有一只苍头燕雀在叫。我仔细对比了一下这两种鸟儿的叫声，发现苍头燕雀的声音中透着刚猛，而红尾鸲的声音中则多了一丝婉约，根本毫无共同性可言。红尾鸲的歌声细长缥缈，但是也有着非常鲜明的特点，那就是充满生气且挥洒自如。其歌声前半段的几个声调，听起来是发音简单的声调，可是到后面，感觉它是费尽了力气才将最后几个声调发出来。4月末的时候，在距此较远的北部，也就是萨瑟兰郡，这种鸟儿的叫声也会出现。

此外，红尾鸲与其他4月份到来的鸣禽也有所不同。4月份到来的鸣禽，羽毛大多是灰色系的，并不艳丽，并且雄鸟和雌鸟的羽毛都是同一种颜色（当然这要排除黑顶林莺）。即使在生育繁殖期之后，它们的羽毛的色调，依然没有多大改变。但是红尾鸲的羽毛却鲜艳亮丽，十分吸引人。事实上，可以说这种鸟儿是我见过的最美丽的鸟儿之一。在繁殖期的时候，红尾鸲雄鸟的羽毛颜色略有退化，但是经过一段时间的蛰伏后，雄鸟的羽毛的颜色就又与雌鸟的羽毛不相上下了。所有的红尾鸲身上都有一块儿羽毛保持颜色不变，那就是它们尾巴下方掩盖着的那块微红的羽毛，这也是它们名字的由来。

夜莺是诸多鸣禽中最有名气的鸟儿。从古至今，诗人们从未停止过对它的赞誉，但是，并没有人对它进行过全面而深入的介绍。当然，去做这个工作，似乎有点儿荒诞，就像有人把霍默说成是一个自娱自乐的诗人一样。另外，在谈及夜莺的时候，如果仅仅是描述其平常之处又显得它过于平庸。但是在一本介绍鸟儿的书中不介绍夜莺的话，也不太可能。要想在介绍夜莺的时候不落俗套，可以采取一种方法，正如我们在介绍一个颇有名气的人物时，所采取的那种方法——贬抑方法。但是这种方法所带来的新见解，确实是建立在违背事实真相的基础上的。因此，我对夜莺的"歌声"大肆批判时，还是要客观地说出部分事实。但是在此我要声明一点，就是我不会为了追求所谓的新创意或者新见解而去鸡蛋里面挑骨头，找一些它不存在的毛病。首先我们对夜莺还是要肯定和赞扬的。

人们经常会用"不可思议"来形容某个人或者某些鸟儿，而这个形容词还可以用来形容夜莺的"歌声"。试想一下这样的画面：5月末，一个喜欢听鸟叫的人，正漫步在山林间，他正竖耳倾听周围的声音，显得异常敏锐。大树之下是枝繁叶茂的林丛和厚厚的荆棘、悬钩子、榛子以及一些金雀花。

他仔细聆听着周围的一切，鸟儿们一只接一只鸣叫起来，其中有画眉、乌鸫、园林莺、柳林莺、黑顶林莺、灰林莺及一些其他鸟儿。这些鸟儿的声音在他听来都异常亲切，他享受着周围的一切。突然，一种鸟儿的叫声令他浑身一震，几乎是震颤。

这种声音充满了活力，跟其他鸟儿的声音比起来，更具有统治性。它不像乌鸫的叫声那样由成串的短语组成，而是由一系列不断重复的音调组成，中间有间歇停顿，但是很快又有另外一组不同的音调开始重复。在排列顺序方面，画眉的歌声与之相似。我也不知道它会在哪一个音调后面出现停顿，我们听到的最有代表性的音调就是"喳咯－喳咯－喳咯"。这便是夜莺的叫声。夜莺叫声的一大特色就是声音洪亮、清晰、持久，它的声音在空中飘荡，经久不散。

我们可以形象地把夜莺的叫声和其他鸟儿的叫声比较一下，比如乌鸫和黑顶林莺发出来的声音，也只是达到了夜莺发出声音的某一个音阶而已，而且它们的歌声在到达人们的耳朵之后，就无影无踪了；但是夜莺的歌声，会将整个人包围起来，甚至我们都失去了对它们叫声的理解力，完完全全折服于这种富有穿透力的声音中。

夜莺的歌声如此独特，以至于我觉得没有其他鸟儿可以与之相媲美，也许白腰杓鹬持久震颤而高昂的音调，可以勉强与之一较高下。有一点让人觉得非常遗憾，虽然人们听到夜莺的叫声已经很长时间了，却并没有体验到其中的完美。无论何时何地，只要有夜莺在歌唱，驻足聆听总是一件令人快乐的事情。

夜莺大多在夜晚的时候歌唱，我对此曾观察过。在日落时分，这种叫声还未出现，而日暮时分，通常还有其他鸟儿们的合奏。但是这并不代表夜莺害怕与其他鸟儿比赛，可能更多的是因为它们不屑于与其他鸟儿比赛。当最后一只画眉落在树上，当最后一只鸫停止鸣叫后的一个小时左右，夜莺便开始歌唱起来，歌声悠远，响彻整个夜空。在夜色和周围事物的掩饰下，我们可以轻易地靠近它，并充分享受它那美妙的歌声。下面这个例子可以更好地说明这一点。

我曾和两个朋友于5月下旬的时候，在汉普郡度过了两周时间。他们一个来自英国，一个来自美国，虽然都非常喜欢鸟儿，但是对鸟儿却不是很了解。我们这次游玩的目的主要是倾听鸟儿的歌声。我提前一周到达了这里，我每天都会站在房子附近寻找和聆听夜莺的叫声。这里原来有一对夜莺，它们在离房子不远处的白垩坑附近生活了好多年，但是这一次我却没见到它们。

在它们消失前的那一年里，雌夜莺曾夜以继日不停地歌唱。5月中旬的一个晚上，它的歌声戛然而止，而且再也没有响起过。我想可能是那只贼头贼脑的猫干的好事，因为那一年，这只猫经常出没在白垩坑附近，我真后悔没有提前打死这只畜生。夜莺连同那只经常飞到我房中，和我相处了四年的温驯画眉一起消失了。因此，我现在不得不到远处去寻找和聆听它们的叫声。我在离村庄有一定距离的地方，听到了两只夜莺的叫声。一只可能位于距村庄大约四分之一英里的地方，另外一只稍远一点儿。

一个星期后，我的两个朋友抵达这里。但是我们在村庄附近却听不到任何鸟叫声。大概晚上十点的时候，我们又走远了一点儿，但是依然听不到夜莺的叫声，只有一只水蒲苇莺跳出来围着我们唱歌，看起来像是对我们的补偿，但也有可能是嘲笑。当时我们已经非常疲惫，虽然村庄的住宿条件并不能令我们满意，但是我们还是在这里的一个狭小房间里过了夜。为了防止再次出现令人失望的情况，我与他们分开，独自到远离村庄没有猫出现的地方寻找夜莺的踪影。最后我终于听到了一只夜莺的叫声。

我想要对这个地方作个详细介绍。这是一个庞大的野生公园，这里生长着许多橡树，并且荆棘丛生。第二天晚上，我们到达了这个地方，那只鸟儿依然在此高歌。我们悄悄靠近它，并尽量压低自己的声音，甚至比担心被人发现的窃贼还要小心。我们蹲伏在那里聆听鸟儿的叫声，月亮正在升起。此时，我们的生命中似乎只有夜莺的歌声。我们在此静静听了很长一段时间，那只鸟儿一直在唱歌，歇了再唱。最后我美国的朋友说："我们离开吧，让它在这里继续唱下去。"就像我们靠近它时那样，我们悄悄地撤走了。那只鸟儿依然在唱歌，虽然它并不比其他夜莺更出色，但是那次经历却清晰地留在了我的记忆中。

因为经历了头一天寻找夜莺的艰辛，到了第二天又有欣赏歌声时的满足，还有我们成功靠近它时的悄无声息，以及那一轮升起的月亮、静谧的黑夜、鸟儿深居独处的整个环境和格调，这一切的一切融合在一起，使得我们欣赏到的那场"演唱会"，令人终生难忘。

对夜莺文学性质的描写，都受到了古代传说的影响。人们将其形容成充满愁思的雌性鸟儿，是因为它们经常持久地发出悲哀的叫声。它们为了能够发出更加悲切的声音，甚至不惜把身体靠在荆棘上以获得痛楚。可现实中的夜莺完全不是这样，而且和华兹华斯（Wordsworth）所描述的夜莺也有很大区别：

哦，夜莺，毋庸置疑的

你一定拥有一颗热情的心，

你那悠远绵长的叫声，有着穿透的力量

透着喧嚣，透着愤怒！

你的歌声中，似乎暗示着酒之神也将为你倾倒

你的歌声中隐约透着嘲讽。

这黑暗、迷茫和沉寂的黑夜依然持续着；

坚强与快乐，附加了所有的热情

都消逝在这静谧的树林里。

人们对于夜莺最真实的感受，就是如此。这大概就能解释，为什么夜莺的歌声如此美妙，却不是人们最爱听的歌声了。

人们在佛劳顿向北更远的地方，也能见到夜莺，但它们从来没有到过威斯佛德的花园，所以我也没机会在那里听到它们的歌唱。虽然我也期待着它的到来，还会因为它的失约而深感惋惜，但是如果让我们以乌鸫为代价去交换夜莺的话，我会斩钉截铁地回答："不。"

夜莺的叫声听起来缭绕飘荡，变化无常，并且还具有令人惊奇的力量。它能让我们时刻注意着它，并对此感叹不已。它的声音跌宕起伏，但是其断断续续的声音又让人感到毫无安静可言。这种歌声适合短时间聆听，却不适合长时间地听。华兹华斯的一首诗中（前面已经引述过）也表达了这种感受，他说他喜欢林鸽低语声的心情胜过夜莺的歌声。下面引述其中一部分：

沉醉其中，鸟儿依然低声细语，

如同求爱中的沉思者一般

它的歌声中爱意浓厚，并相知交融

默默开始，直到永恒

以虔诚之心，吟唱内心深处的感知与幸福

我深知它的歌声为我而唱！

我要补充一点，虽然华兹华斯称这种鸟儿为原鸽，但据他所述，可以推断出他描写的应该是林鸽的低语声。

如果我没有读过济慈的《秋天颂歌》，就会认为华兹华斯的《夜莺颂歌》是我读过的诗中最优秀的一篇。在诗歌创作中，济慈达到了华兹华斯在赞颂夜莺时所不能达到的高峰，但这种赞扬却跟鸟儿的实际情况不相符。根据他对鸟儿及其活动的描述来看，夜莺还有一两个方面，也需要给予关注，比如如何防卫等。但是从一首诗的角度来看，这已经非常精致和完善了，以至于我不愿意去改变这首诗的任何一个单词。

我们谈了很多关于文学作品中对夜莺的描述，我们发现对夜莺的批评也大量存在，这不正像我们评价莎士比亚一般吗？去其糟粕，取其精华。

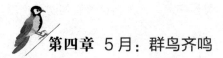

第四章 5月：群鸟齐鸣

5月是万物肃杀，沉寂的冬天向生命如火如荼生长的夏天过渡的月份，在这个月份，我们可以真切地感受到季节在轮流更替。4月与3月比起来，虽然已经暖和多了，但是依然有些寒风料峭。人们希望在4月，即使在阴冷的天气中，最高温度也要达到21℃左右，但是这种天气是可遇而不可求的。即使偶尔出现了一次这样的天气，这种温暖也不会引起人们足够的重视，这种感觉就像是一盘香喷喷的饭菜被一个又冷又饿的人糟蹋了一样。

在4月，人们通常不会产生厌烦的情绪，因为这个月份有太多美景值得大家去欣赏。人们可以去观赏落叶松、山楂树及栗树的第一抹绿叶，可以去欣赏每一种春天花儿的娇姿，可以去迎接每一种鸟儿到来。时节的不断交替，让我们可以尽情享受大自然的恩赐。

当时光进入5月，大自然将带我们去领略它的魅力。每一个角落都新绿遍布，花园和田间的花朵也竞相绽放，让我们目不暇接。本书中所提及的所有鸟儿以及未提及的其他种类的鸟儿，都会在此时引吭高歌。这时，我们的眼睛、耳朵等外部感官以及内心，都会对这番景象应接不暇。于是，每个人只能从众多美景中挑选一件来欣赏，比如山毛榉树新嫩树叶的那一抹绿色、金雀花散发出来的馨香、蓝铃花的宜人芳香，还有阳光照射下的金凤花田等。

可是，当我们尽情欣赏眼前的美景之时，又禁不住为只能欣赏它们的一方面而苦恼不已。当我们准备驻足在这自然美景中时，又为自己步履匆匆而抱憾。所有的事物都在随着时间的流逝而不断生长。绿叶的颜色一天深过一天，虽然它们依然茂盛，但是其娇嫩和柔美之感早已荡然无存。新长成的山毛榉树叶，原来的那份娇嫩也只是昙花一现，微风很快就会将它吹得无影无踪。春天刚到的时候，我们多么希望它能加快脚步，但是一到 5 月份，我们又会对它说："留下来吧！请保持这份美丽！"但时间并不会因此而停留，它走得悄无声息，不被人觉察。

由于榉树的芽苞绽放得比较晚，所以直到现在依然是黑颜色的，因此，在这样的时节，它反倒成了我们期待的目标。当其他树木长出芽，并逐渐变绿的时候，胡桃木依然是光秃秃的。榉木和胡桃树能给我们带来一种回味的感觉，我们知道还有一些蜕变尚待完成，我们期待和预想中的景观依然可以出现。就像有一两种树木会比其他树木晚一些长出叶子一样，有一些鸟儿也会比其他鸟儿晚一些回到我们身边。

这其中有四种鸟儿比较常见，它们分别是雨燕、红背伯劳、斑鸠和斑点翔食雀。虽然有一些书中曾提到过红背伯劳的叫声如歌，但是我从来没有听过它的叫声。有一对红背伯劳在我房屋附近的白垩坑筑巢已好几年，但是我从未亲眼见到它们鸣唱，也从未听到过它们鸣唱的声音。

我曾观察过斑点翔食雀，并发现这种鸟儿总是在自以为是地唱歌。每年总会有一对斑点翔食雀在我房屋一侧的爬藤上筑巢。每年的 5 月，它们都会飞到这里来，因此每年一到这个时节，人们便对它们的到来充满了期待。

有一只鸟儿，我想可能是雌鸟，它在到达这里两个礼拜之后，就开始在它的栖息地和屋顶四周发出一种细小的鸣叫声。这种叫声仿佛是它的肺腑之音，听起来非常细腻。我们可以用望远镜去观察鸟儿鸣叫时的各种神态，这样有助于我们更好地聆听和感受它们的声音。

斑点翔食雀通常都会在空中捕食昆虫，因此，它们选择将栖息地筑在树干或者光秃秃的栏杆上，这样，它们的视野才会更开阔，也更方便它们向蓝天飞翔。雨燕和燕类家族的其他鸟儿也是靠捕食空中的昆虫为生，它们捕食非常艰辛，需要一直在空中不停地飞翔，这体现了它们高超的捕食技能。其他鸟儿，像戴菊鸟偶尔也会用同样的方式捕食一些特别美味的昆虫，比如蜉蝣等。但是，它们似乎对捕食技能不是很熟练，所以只是偶尔做一下这种运动，生活习性并非如此。

斑点翔食雀的羽毛是暗色调的，雌鸟和雄鸟的羽毛颜色是一样的。这种鸟儿并不怕人，你可以在花园中观赏它们追捕昆虫的情景，而它们似乎也以此为乐。当幼鸟会飞之后，这种鸟儿的数量开始有所增加。这些幼鸟有时候会停落在一些较为便利的地方，比如说花园的防护墙上，等待着成鸟的喂养。有一对翔食雀在花园门口的爬藤上筑了巢。一天清晨，当幼鸟离开巢出去活动的时候，却被球网卡在了网洞里面。

斑点翔食雀的歌声和羽毛，虽然并不出众，但它们只要在花园里出现过，人们就会对它们念念不忘。当幼鸟会飞之后，成鸟就会发出一种鸣叫声，这种叫声在我听来有可能是一种警报。因为，每当有人靠近幼鸟时，成鸟的这种叫声就会不断重复。也许它们是在向人们表明自己并不怎么害怕，但是被打扰毕竟是一件很讨人嫌的事情，尤其是当它们在养育子女和照料家庭的时候。

5 月份一到来，所有的夏季鸟儿都会翩然而至，它们马上会开始筑巢，并营建自己的领地。每到快天亮的时候，鸟儿们便开始演奏世界上最为壮观悦耳的奏鸣曲。不过，这样的合奏每天只有一个小时左右，而恰恰这段时间，人们要么还在酣睡，要么完全没有留意，这真是一件让人深感遗憾的事情。属于前者的人们是不可能听到这种合奏的，而后者却没有享受这种合奏的心情。很多人认为这是毫无价值的，而华兹华斯对此颇有见识，在他写的关于"睡眠"的著名诗篇里，曾有过这样的叙述：

> 无奈，还是选择躺下，
> 睡意全无！片刻后就听到鸟儿啼叫
> 侧耳倾听，从我的果园里传来第一声鸣叫
> 并有幸听到了杜鹃的第一声悲伤的啼叫

如果我没记错的话，华兹华斯在其他著作中，只要是与杜鹃有关的描写都是十分欢乐的。他认为，杜鹃啼叫的意思应该是这样的："我找到了一个快乐的地方"或者"我听到了你快乐的声音"。但是，这样的声音对于失眠者而言，是一种"悲哀"的声音。抛开睡眠不说，那什么才是早晨里的财富呢？夜晚的声音对于我们来说是多么的熟悉，比如说房间里有轻微的动静，或者老鼠四处窜动的声音，都有可能将我们从睡眠中惊醒。但是，在伦敦大街上，人们却能在车水马龙的声音中慢慢入睡。

与此类似的还有，比如乡下人常常能在黎明前鸟儿的吵闹声中入睡。倘若他们一旦醒来，并竭力去听鸟儿叫声的话，那么听的欲望和睡觉的冲动就没有任何矛盾了。欣赏黎明合奏曲的最佳时间是黎明前的3点到4点，但是这个时刻人们的活力却处于最低点，无论是夏天还是冬天，人们都需要睡眠，而且要保证睡眠时间的充足，但是鸟儿却并非如此。在隆冬时节，它们会从黄昏时分

一直睡到黎明前，睡眠时间大概是 15 个小时；但是在仲夏时节，它们的睡眠时间大概只有 6 个小时。夜莺和水蒲苇莺的睡眠时间我们还无从知晓。当鸟儿从睡眠中醒来后，它们的精力和活力会达到一个顶峰，它们在捕食前发出统一的鸣叫声便是最好的证明。

在此，我想借用我妻子撰写的一段文字，她描述了一些群鸟在黎明前合鸣的情景。我引述一下其中的一部分：

我每天早上都会提前醒来，因为我要聆听黎明前群鸟合鸣的声音，我觉得这是一件非常有意义的事。画眉的几声低沉音调，拉开了这段合奏曲的帷幕。山雀第一个从沉睡中被唤醒，然后鸟儿们渐渐多了起来。合奏曲由各种音调组成，有拉锯式的音调，有响铃般的音调，有嘲笑式的音调，还有一种是只属于蓝天的天籁飞音。

当花园里所有鸟儿都开始唱起来的时候，想要从中分辨出每只鸟儿的鸣叫声，几乎是不可能的。在这所有的鸣叫声中，有类似画眉那浑厚而甜美的声音从远方传来，黑鸫的声音也如影随形。这些声音带给人温暖舒适的感觉，就像琥珀在夜间闪光一样。此时，大自然的所有声音都融汇到这"歌声"当中，向我们扑面而来。

群鸟在黎明前的合奏曲，听起来就像是一块由声音组成的绣花毯。这块绣花毯的主景由鹪鹩、乌鸫还有画眉的叫声以及猫头鹰那婉转的声音组成，而背景则由一些其他声音组成。这里面当然要排除鹡鸰的声音，因为它的声音太具有穿透力，这使得它的声音在众多声调中脱颖而出。

但是，随着鹡鸰的歌声响起，窗外的情形忽然有所转变了，那"正在上升的声音大厦"轰然坍塌。虽然此时仍有一两只画眉在鸣唱，但是绿翅雀却已经开始发出第二种声调。在这段过渡期，这个音调可能还会持续一段时间。在此时，已经可以辨别出绿翅雀的叫声了。接着，水草地上开始闪耀太阳的光芒，还有击鼓式的声音传来，这是由沙锥鸟发出来的……冰冷的露珠将绿草全部压折了腰，一场较量在两者之间展开。

在夏天，鸟儿在日落前的叫声虽不及黎明之前多，但是傍晚的合奏曲，则完全是由留鸟的歌声以及黑鹂和画眉的声音支撑起来的。细细品味傍晚合奏曲也是一件赏心悦目的事情。傍晚时会有这样一段时间，在这段时间里，除了画眉和鸫在对唱以外，其他的鸟儿都停止了歌唱。不久，画眉的叫声也停了下来，只剩下鸫在唱"独角戏"，这一天也会随着鸫的叫声而结束。

5月的时候，到花园里或者乡村去听鸟儿的歌声，也是一件让人心情愉悦的事情。早春时节，留鸟的歌声预示着新的生命开始复苏。到了4月，夏季候鸟的第一声鸣叫，昭示着它们的回归，虽然还有一些鸟儿正在归途中。5月之际，当某个地方可以听到鸟儿们日复一日不间断的叫声时，这就表明它们已经将此处视为领地，并有了配偶和巢穴。例如，在威斯佛德的花园里，每年的4月份都会有一些黑鹂飞到这里，它们的叫声会在五、六月份的时候响起。每一年都会有柳林莺在小果园里筑巢。

虽然漫步在乡间小路上并不能时常听见黑鹂和柳林莺的叫声，但是在我们家门口却可以常常听到。同样的事情也发生在我们汉普郡的家中，因此，每年一到5月份，我们都会非常开心。这倒不是因为我们能听到什么特殊鸟儿的叫声，而是因为我们又能听到一只只鸟叫的声音。或许，这些例子当中还存在着某些自我满足的东西吧。但是，观察野外生命的兴趣以及将自己从压抑中解脱出来的那种感觉，是无与伦比的。那些与我有同样想法的人，或许能理解这种从花园中获取快乐的感觉。但是对于缺乏这种想法的人来说，这种乐趣是难以言表的。正是因为有了这种乐趣，人们才会格外重视。

我们所熟悉的每一种鸟儿，虽然都会对曾经居住过的地方恋恋不舍，但是，在它们长途旅行的途中，总有一些不幸的事情发生，有时会有一些可恶的"精灵"，非常残忍地剥夺掉它们的生命。在佛劳顿有一个很小的池塘，池塘旁边有一块粗糙的地面，我们在这里经常可以听到一只园林莺、一只林莺和一只水蒲苇莺的鸣叫。要知道，之前我们只能在花园外面才能听到水蒲苇莺的叫声。

这只水蒲苇莺在三年前飞到了这个地方，以后每年的5月份，我们都能听到它中气十足的歌声，不过，略微有些喧闹。有一天，它的歌声突然消失了，并且自此以后我再也没有听到过。这也许是个不祥的征兆，因为当时飞鹰正在周围猎食一窝窝的幼鸟，我想可能是这只飞鹰将水蒲苇莺猎走了。那只园林莺和灰林莺，每年仍会准时回到这里，我会坐下来聆听和欣赏这美妙的声音。可那只曾经与它们共居于此的水蒲苇莺，它的叫声仍然会不时在我的脑中回响。

从3月份的第三个周末，到5月份的第三个周末，自然界发生了剧大的变化。很多鸟儿在此期间已经回到了我们身边，而大自然的一些显著的变化也在发生。例如，所有夏季的鸟儿都回来了，天气也开始由冷变热，光秃秃的树枝开始变成绿色，变得茂密。

有时，回想起3月份的天气，会让我们更加觉得5月是美好的季节，其中的快乐和享受更是少有。说一个与春季钓鱼有关的故事，这个故事可以很好地说明这一点。在某一年的3月份，有一位钓鱼人已经在舍贝河度过了一个星期，他非常擅长钓鱼，因此无论天气多么恶劣，都丝毫不会影响他的兴趣和乐趣。在这段时间里，发生了一件让他记忆深刻的事情。

在某天的下午3点，他突然想出去钓鱼。于是，他就来到了一条水面宽阔的河边。在此之前，他从未到过这么远的地方。这时，暴风雪突然降临，凛冽的冷风和飘落的大片雪花向他扑来，他几乎都睁不开眼睛。四周的树木依然是光秃秃的，在这样严寒的季节，很难听到林中鸟儿的叫声，即使是画眉或者鹪鹨的叫声也很难听到。

除了河乌之外，在河上只能听到黑头鸥和蛎鹬那经久不衰的叫声。蛎鹬的叫声比较嘈杂，它们喜欢在树木间活动。它们的叫声听起来就像是两只鸟儿正在摆脱第三只鸟儿的打扰一样。而这第三只鸟儿的插足，让人听起来更加烦躁。我无法知晓这只鸟儿到底是雄鸟还是雌鸟，因为雄鸟和雌鸟的羽毛的颜色实在太相似了。这两种性别的鸟儿之间，虽然偶尔会出现打斗的现象，但迄今为止我还没有见到过。

上面所说的，就是3月的天气和环境的真实写照。5月的时候，那个垂钓者再次来到了这里。他之前体验过3月的寒冷，但是现在却沐浴在5月温暖的天气里。河水虽然不如3月份充盈，但此时的水面依然非常宽阔。虽然这不是垂钓的最佳时机，却是他最大的乐趣。并且，他还可以将现在的天气和3月份的恶劣天气进行比较，从而体会到大自然变化的乐趣。

有一天，他又来到了这条河边，而且比上一次走得还要远。他身后有一片土地，上面长满了金雀花、荆豆、悬钩子以及一些其他的灌木，隐约还能看见灌木丛中的几只水蒲苇莺和林莺，这些鸟儿的歌声不停地向他这边传来。他被阳光照耀着，身边的花儿也竞相绽放。

此时，荆豆早已绽放，而金雀花也含苞待放，空气里芳香四溢，以至于人们开始疑惑这香味是否来自荆豆花儿。新收割的青草地或者豆地里的花儿，虽然有时也会给人们带来欣喜的感觉，但是这远比不上荆豆花儿给人带来的那种幸福感。从这个层面上看，荆豆花儿简直就是花魁。荆豆花儿的气味清新自然，清冽十足，闻起来像是杏花的气味，但是它比杏花单一的气味更加丰富。这种芬芳，让人心旷神怡，不由心生幸福，诚然，它的香味和果实中确实存在着这种情感。

闻到它们中的任何一种味道，都能给人带来一种无与伦比的美妙感。英国的气候条件特别适合荆豆的生长，因为这种植物不需要太高的温度，就能开花结果并孕育种子。虽然凉爽的夏日不会给它的生长造成影响，但是寒冷的天气却会给它们带来灾难，所以，墨西哥暖流是它们的"救命草"。当人们无法采摘这些带刺的花朵时，或许还可以从灌木丛中捡到散落的荆豆花儿（据说，曾经有一个热爱乡土风情的人士，为了彰显其对户外事物的热爱，而养成了捡荆豆花的习惯）。即使在5月，每一株荆豆花仍会呈现出一副生机勃勃、欣欣向荣的模样。在夏天即将过去的时候，气候仍然炎热，人们或许能听到阵阵喧闹的声音，那其实是荆豆荚爆裂的声音。

以上所述，或许有些与主题不符，但是一旦讲到户外的美景，要想始终保持一条主线不变，的确是件很难的事情。对于鸟儿的世界，罗伯特·路易斯·史蒂文森曾说："鸟儿的世界包罗万象。"不过，现在我们还是言归正传吧。

蛎鹬在5月份的时候，虽然仍在河上活动，但是相对3月份而言，它们安静了许多。它们在这个季节开始产卵，产卵地点就在河边的圆石滩上。虽然目前还没有迹象表明它们有意将卵隐藏了起来，但是它们的行为的确非常奇怪，居然将整个圆石滩当成了它们产卵的场所。

在河边生活的鸟儿中，有两种是比较常见的，那就是燕鸥和矶鹬。在5月，这两种鸟儿不得不提。燕鸥飞翔的身姿优美轻盈，它们看起来是多么的无忧无虑，而且，它们的飞翔技能总能让我们叹为观止。不过，美中不足的是，这种鸟儿的叫声有些尖锐。矶鹬给人们留下的印象是幸福快乐的，它们总是出双入对，而且歌声也非常愉快。若是我没记错的话，这两种鸟儿都能发出"歌声"。虽然这个观点在我的脑海里已经存在了好多年，但是这个"想当然"的观点，依然需要多方面的验证。说到这里，我突然想对这个问题一探究竟，并作进一步观察。

若要说得更全面一些，就必须加上林中鸟儿的叫声。

在这样的季节，在我们的眼前，时常会出现这样一个场景：林子里的落叶树长出新绿，樱桃树上开满了白色的花朵，而白腰杓鹬正在尽情歌唱。在早期，当一切还稚嫩的时候，所有的一切都已显得自信满满；但是到了暮年，随着季节更替，年龄和阅历使它们更添加了几分韵味儿。这就是为什么我们会害怕战争的原因。因为生活中的突发事件和生老病死，会破坏掉它们为我们带来的欢乐，我们害怕再也见不到这些美妙的事物了。

当它们再一次出现在我们面前的时候，我们的感激之情会更加强烈。或许正是因为这些日子里的美好回忆，融入到了我们的生命之中，所以，面对任何季节的变迁，我们才能从容不迫。所以，当每年 5 月来临的时候，当那熟悉的美景，和美妙的声音再次来到的时候，"让我们再一次沐浴在那份美好的时光里"。

第五章 6月和7月：歌声由多转少

前面是关于5月份鸟儿叫声的介绍，有些略显简单。尽管5月份是群鸟齐鸣的时间，但是在前面几章已经或多或少地对它们进行了介绍。6月，应该被划分到夏季的月份中，但是从平均温度来说，将它归入夏季又显得有些为时过早。

通过对数据进行统计和分析，可以纠正一些我们对于天气变化的传统认识。关注天气从冷变暖也是一件充满趣味的事情，因为这一变化极其没有规律。1月份的时候，北半球开始慢慢向太阳靠近，可是一直到了2月份中旬，却依然没有任何迹象表明天气正在变暖。即使到了2月末，与1月中最寒冷的温度相比，也仅仅升高了2℃左右。

到了3月份的时候，天气进一步转暖，增加幅度约为4~5℃。4月份的温度增加幅度也大概在4~5℃。到了5月份的时候，气温变化相对于其他月份是最大的，因为在这个月份中，平均温度会升高将近8℃。到了6月份，气温又与之前一样缓慢向上攀升，并且增长的幅度依然是4℃。如果单纯从温度升高的快慢来看，6月份与三、四月份一样，看起来更像是春天的月份。而且，在6月份的前半个月中，鸟儿的歌声和春天的任何时候都一样动听。

但是，在6月份以前，当夏天还未完全到来的时候，我们可以注意到鸟儿的歌声已经有所减少了。夜莺会因为忙着哺育自己的幼鸟而停止歌唱。6月份的第一个星期结束后，夜莺的叫声就会急剧减少。在6月结束之前，黑鹂也停止了它的叫声。1926年6月11日，这个时候我要离开佛劳顿，当时黑鹂的叫声还很频繁，几乎每天晚上都可以听到它们中气十足的叫声，以至于人们很难相信它们的叫声很快就会销声匿迹。它们不停地鸣唱，似乎是因为可以多唱几周而感到心满意足。

6月26日，我再次回到了佛劳顿，但是我没有在花园中听到任何黑鹂的鸣叫声。尽管邻近的树林中不时还会传来黑鹂的叫声，但是它们此时的声调已经略显衰弱，有气无力的。这是大自然的规律，我还没有在任何有关鸟儿的文献中看到过例外。有一些人乐于观察和倾听鸟儿的叫声，并试图从中收集个例来推翻人们通常所接受的规律，它们有可能在这个方面取得了非常大的成功。我们之前也说过，黑鹂的叫声会一直持续到7月份，就是这样一个例子。但是在大多数情况下，7月份是黑鹂的换羽期。因此，那些曾经毛羽鲜亮的黑鹂在换毛期内则表现出一副落魄的样子，在这个时期内，人们无法从它们嘴里听到任何优美的歌声。

我曾注意到，6月份的时候，有一些鸟儿的叫声会再次复活过来。在汉普郡白垩坑的附近，曾经有一对黑顶林莺在此筑巢，每年都是如此。到了5月末6月初的时候，它们的叫声变得稀疏起来，这样的情况会持续一段时间，我想它们是在忙于哺育幼鸟。如果这种情况是真实的，在幼鸟离巢前后的那段时间里，它们会将精力用于照顾幼鸟而不是"歌唱"。6月底的一段时间，白垩坑附近的那对黑顶林莺又开始从早到晚不停地唱歌了。在同样的地方，鹪鹩和棕柳莺的歌声也是这样，从迟滞中再次复活。

当鸟儿忙于哺育幼鸟的时候，出现这种歌声迟滞的现象无需任何理由，但是当幼鸟不再需要照顾的时候，成鸟就会从中解放出来。这个时候它们的精力和活力依然如以往那样旺盛。雄鸟在此时更是无事可做，也只能在一边纵情高歌了。直到鸟儿进入到换毛期，它们的精力和活力才会大大减弱。

我通过观察居住在白垩坑的黑顶林莺，证明了这一点。当黑顶林莺的叫声刚刚响起时，你会发现它们早已经建好了巢。雄鸟在筑巢过程中是主力，但是它的精力和歌声并没有因此而分散，丝毫没有受到影响。野玫瑰的灌木丛是它们建巢的地点。在建巢的过程中，雄鸟在不遗余力地去寻找"建材"之前，会站在野玫瑰的树枝上放声高歌。雄鸟同时也承担着孵化卵的职责，当它俯卧在巢中孵育卵的时候，是发不出任何叫声的（我曾经和一名英国的鸟类学专家交谈过，他曾经亲眼看到一只园林莺在孵卵的时候发出过鸣叫声，除此之外，我还听说有人曾在北美观察过其他种类的鸟儿，也曾有过类似的情况）。

然而，一旦幼鸟被孵育出来，它们的歌声就会显得尤为轻快，这种歌声持续一段时间后，它们又开始沉默。一天早上，我在卧室中又听到黑顶林莺的歌声，它在那里不停地叫着唱着，这时候大概是幼鸟被孵育出来一个星期。我当时猜想是不是有什么事情要发生。它们的巢是无人看守的，且幼鸟还安静地待在巢中无法飞行。而在今天早上，似乎有什么凶残的动物，可能是寒鸦，将它们残忍地掳走了。幼鸟在哺育期前后，雌鸟哪怕是受到了什么影响，表现也不会非常明显，但是雄鸟却能给人留下深刻的印象。它好像会因为解放和精神上的升华而欣喜不已。

或许将这件事情归类到"鸟儿的巢"那一章更为贴切一些，但是从雄鸟完成哺育幼鸟的职责后便再次恢复往日歌声的这件事情来看，它具有典型的代表意义，既然如此，放在这里讲也不是不可以。可是现在鸟儿歌声的迸发，并不是为了弥补 6 月末自己歌声的没落所带来的遗憾。

6 月份相对于 5 月份来说并不是观察鸟儿的好时机。在 5 月份的时候，树上的叶子还比较稚嫩，并且还有一部分是光秃秃的样子。但是现在，所有的夏季鸟儿都已经回来了。在这段时间里，所有我们熟悉的鸟儿都会出现，而且大多数都可以被观察到。

盛夏时节，茂密的树叶和树篱会阻碍人们观察鸟儿。在汉普郡房屋前方十几米的地方有一排杨树，这种杨树不是那种树叶生长较晚的意大利黑杨，而是树叶生长较早的树种。在这排杨树居中的位置，有一棵老胡桃树和一棵小桦树，正好将这排杨树分开。鸟儿们经常躲在树叶茂密的杨树上，但是它们偶尔也会飞到光秃秃的胡桃树或者桦树上去炫耀一番，这样人们就可以观赏到自己意料之中的美景了。这时候，如果有一架望远镜，会对你有很大帮助。

到了夏季的 6 月份，叶会更加浓密，虽然依旧可以听到鸟儿的歌声，但是想要观察到它们却并不那么容易。到现在为止，我仍然不知道飞去的幼鸟的数量，这件事依然有待观察。在鸣禽身上，这种特长非常明显，因为等到幼鸟会飞的时候，它们身上羽毛的色彩与成年的鸟并无多大差异。

7 月份，大部分鸟儿都会停下声音歇息，这个时候如果去聆听那些依然纵情歌唱的鸟儿唱歌是一件非常有意思的事情。我们在很早的时候就听到了云雀、鸫鹩和黄鹂的叫声，但是这个时候它们的叫声依然在持续。还有一些鸟儿，它们在几周前才刚刚开始唱歌，这时我们就有大把时间去关注它们了。

下面我要说的这三种鸟儿都是属于鸫类，相对于黄鹂，它们的叫声会略晚一些出现。这三者之中，环鸫的歌声无疑是最好听的。这种鸟儿在某些地区是很常见的。它的歌声很像黄鹂歌声中的开头部分，只是它的声调更高一些儿，但是，它的歌声没有黄鹂的歌声变幻多。我觉得它的歌声有点儿像电子铃发出的欢快的铃声，只不过听起来略显单调和枯燥。关于它的叫声，有一个令我难忘的小插曲，当时我正骑车从泰斯特返回伊特彻山谷，我特意带上了望远镜，以便我在路上可以观察鸟儿。

我是从斯托克布里奇出发的，已经到了位于勒斯顿一侧的转弯处。在这个转弯处，有一条捷径通往海尔斯道克，而正是在这个转弯处，我发现自己的望远镜不见了。我想它肯定是落在了斯托克布里奇的餐馆里，但是餐馆距此有几英里远，而且中间的道路崎岖不平。也就是说，我需要返回数英里去取回望远镜，然后再返回，这是让人很不高兴的一件事。除了怪自己粗心大意外，我没法指责其他人，而这种自责也让我更加不愿意去面对如此"昂贵"的代价。但是，突然间我有一股很强烈的冲动想要返回去取望远镜，这种冲动势不可挡，似乎我要通过这种对肉体的惩罚来惩戒自己的"不长记性"。

于是，我掉头驱车往回赶，途中我渴望尽快回到起点，这种强烈的感觉冲淡了我对这件事情的自责。我一路骑到了斯托克布里奇，中间没有休息过一次。然后我又从斯托克布里奇出发，沿路返回。很凑巧的是，当我再次走到勒斯顿一侧的转弯处时，我听到了一种稀有的鸟儿的叫声，我之前从未听过。于是，我立刻停了下来，并用望远镜开始观察，后来我发现那只鸟儿正是一只环鹀。我曾看到过它的图片，而且印象深刻。它头部周边的黄柠檬和巧克力的色彩更加肯定了我的判断。这只鸟儿的出现弥补了我在时间上的损失。

事实上，能在这样一个特别的地方听到这种鸟儿的歌声更像是对我的奖励，不枉我额外骑了这么远的路和来回折返的劳累，这种劳累本是对我自己的指责和惩罚，并不值得如此高规格的奖赏。事后我才知道，在这个地区，这种鸟儿实属常见。W.H. 赫德森曾经在《汉普郡日志》一书中对它进行过描述。

雄性的芦苇鹀是非常吸引人的。这种鸟儿在适合它们生长的地方，比如说水草地或者有芦苇和菅茅生长的地方是很常见的。威斯佛德地区，由于花园和水草地非常接近，以至于人们无法将其完全分开。于是，我个人认为芦苇鹀也是一种生活在花园里的鸟儿。

与芦苇鹀非常高雅的外表相比，它的歌声相当庸俗，不值一提。我认为它的叫声与它们飞行的高度成正比，一开始的两三个声调比较低沉，但是到后面几个声调时就显得比较轻快了。它们的叫声在5月份和6月初这个时间段里出现得非常频繁。除非它们的叫声在某一段时间内突然间沉寂了下来，否则人们根本无需去惦记它们的叫声。

到了7月份，它的声音会逐渐从人们的耳边淡出。不过在白垩坑附近，我有一次非常幸运地对这种鸟儿的歌声有了一番感悟。在那里，它的歌唱时间会在一定程度上延长，我从它的歌声中听出了尊敬，这个例子再次印证了我对它的价值缺乏关注。而且，它的歌声让我们觉得这种鸟儿是快乐的。芦苇鹀非常引人注意，而且它总是落在人们容易观察到的地方。当它的歌声响起并开始展示自己的身姿时，如果能通过望远镜对它进行观察，那真是一件不错的事情。

其实我不想对谷鹀多费口舌，即便是将它"本人"及"歌声"的真相说出来也觉得没必要。大多数鹀在体型上属于粗壮型，而非苗条型的，而谷鹀是所有类型中体型最大的鸟儿。谷鹀在飞行的时候有一种习惯，就是将双脚向下悬垂，似乎它是觉得麻烦，所以不愿意像其他鸟儿一样把爪子收起来，以呈现出优雅的形态。这也更加深了人们对它们肥胖的印象。

虽然在四种常见的鹀中，它是体型最大的，但是它的羽毛却不见得有多美丽。一些其他种类的鸟儿雄性多少会有一些色彩上的特殊之处，但是雄性的谷鹀似乎非常满足于和它的伴侣拥有一样的灰暗色格调羽衣。然而，如果确切地说，雄性谷鹀羽毛的颜色甚至要比雌性谷鹀羽毛的颜色更暗一些（"灰暗色"只是相对而言。如果人们能仔细品味这种鸟儿羽毛颜色特点的话，那么即使它们是灰暗色的，也是相对美丽的）。

说一下它们的栖息地，这种鸟儿喜欢停落在电话线或者防护线上。在乡间，当这些可恶的线缆替代了绿色的树篱、哨所以及栏杆时，谷鹀一定是非常开心的。当谷鹀停落在线缆上时，会发出一些莫名其妙的噪声，这似乎就是它们的"歌声"。这种声音听起来就像是两块坚硬的卵石互相碰撞时发出的声音。从它的"歌声"中丝毫听不出任何音律或者欢乐的格调。在汉普郡和威尔特郡的高地上，有很多电话电缆以及已经呈现出日益增多状态的防护线缆。

到了夏季中期的时候，要见到谷鹀的身影或者听到它们的叫声是轻而易举的事情。同时它们也在极力卖弄，迫使我们将目光转移到它们身上。我认为这是因为它们地位比较低下，所以才会这么做。即便是产卵，它们的卵也不如其他鸟儿的大，似乎是因为人们都疏忽了它们，才使得它们产生了这种强迫性的行为。最后我想补充一点，虽然这种鸟儿地位低下，是那种几乎被人们忽视的鸟儿，但是由于其行为举止透露着一种自我满足感，因此大家还是能够从它的身上得到另一种幽默感。

7月份的时候，有三种鸟儿求爱的叫声不绝于耳，它们分别是斑尾林鸽、欧鸽以及斑鸠。很难知道斑尾林鸽和欧鸽在什么时候开始了啼叫，但是在每年年初的时候就能听到它们的叫声了。

在1924年和1925年的隆冬时节，也就是12月和1月的时候，我在佛劳顿就曾听到过这种鸟儿的声音。斑尾林鸽的咕咕声，听起来像是在抚慰别人，而事实上，它们真的有可能是在向对方说一些"阿谀奉承的话"。如果非要用诗歌的形式对它们的歌声进行形容的话，那就借用华兹华斯形容夜莺时的一整节诗吧，这段诗歌我在前面已经引述过了。

在所有的鸽类中，斑尾林鸽的体型最大，也最漂亮。它走起路来非常笨重，总是忙于穿梭在各个公园的草丛里。它们的眼睛非常奇特，似乎永远闪着一种惊奇的光芒。在乡间的时候，我几乎从未见过它们老老实实地待在某个固定的地方，这大概是因为猎人们总是喜欢猎捕它们，而且也得不到农夫的友善对待。因为它们在谷物结穗前后大量吞食谷粒，破坏了大面积的谷禾，所以乡间的人们非常厌恶它们。但是这种鸟儿如果真的灭绝了的话，那也是一件让人沮丧的事，毕竟有时候它的"歌声"还是让人赏心悦目的。

我的妻子曾喂养过一只由家鸽孵育出来的斑尾林鸽。每次喂食的时候，这只鸟儿都显得非常乖巧，急切地想要把放到它嘴边的食物取走。在很长一段时间内，它都显得非常温驯，并且不惧任何事物，似乎它还很喜欢被人抚摸。8月份的时候，它被关进了一个大鸟笼里，这时它的本性开始凸显，它会退到鸟笼的一端，然后使劲儿地冲刺到另一端，似乎认为这样就可以冲破"牢笼"飞出去。它还未彻底摆脱对人类的恐惧，因为只要我们一靠近，它就不再乱拍翅膀了。但是只要一没人，它就又开始了一次又一次猛烈的飞行撞击，声音之大甚至让我们在很远的地方都能听到。

这绝不是恐惧导致的，而是来自它不可抑制地想要冲破牢笼的欲望。渐渐地，这只斑尾林鸽越来越不温驯了，它拒绝人们用手触碰它，更不会从人的手中取走食物。就这样一直持续到了冬天，它由一只非常温驯的鸟儿彻底变成一只充满野性的鸟儿。它在对鸟笼进行横冲直撞的时候，还会在头部留下些许伤痕。最终我们将它放了出来。

在此后的一段时间里，它还是会飞到鸟笼上方放食物的地方取食，也偶尔会到花园里做客。虽然每次我们靠近的时候，它还是会飞走，但是很显然它要比它的同类温驯很多，而且它会经常停落在窗户旁边的那棵樱桃树上。但最后它还是彻底离开了这里，回到大自然的怀抱中去了。

在7月份的时候，偶尔还会有一只斑尾林鸽在花园上方低飞，但是我无法判断它是否还是原来的那一只。在我们亲手饲养的众多鸟儿中，我还从未见过哪只鸟儿会在如此宽大的鸟笼中表现出如此厌恶的态度。这真的应验了那句话：斑尾林鸽是不会甘于被饲养的。其他被饲养的鸟儿从未像这只鸟儿这样，它们总是把人类当作直系父母般看待，而且能够让我们靠近和抚摸。

人们容易忽视欧鸽的咕咕声，这种叫声听起来颠簸不堪，不是那么平坦和舒缓。在体型大小上，欧鸽要比斑尾林鸽小，而且没有白环或者翅膀上的白色印记。但是如果我们有机会近距离观察这种鸟儿的话，便会发现它们颈部彩色的羽毛相当迷人。我个人感觉，佛劳顿地区的欧鸽数量呈增长趋势。不过这可能是因为我之前对这种鸟儿了解很少，也有可能是因为我之前总是把这种鸟儿当成家鸽。在我小时候，就有人教我通过辨认翅膀的颜色来分辨家鸽和斑尾林鸽，以避免我射杀温顺的家鸽。

大概是 1924 年的时候，有两只欧鸽，很明显是野生的欧鸽，它们发现在佛劳顿地区有很多用以喂养水禽的谷物，因而在夏末的时候来到了这里，并且每一天傍晚都会固定来到这个地方取食，很快，它们也变得温驯起来。我很喜欢研究它们与水禽取食方式的不同：在一块相当大的地方撒上一大片谷物，水禽会一边走一边吃，一粒接着一粒吃下去；而林鸽却总是先把它的头能够到的谷物全部吃完，然后才会移动到另一个地方。有一对切罗赤颈鸭，它和其他水禽及家鸡都能和平共处，但是唯独对欧鸽这位不速之客，表现出不欢迎甚至是愤怒的神态。这日对切罗赤颈鸭不停地追击它们，直到它们不得不飞到高高的山毛榉树上躲起来才罢休。过了一会儿，它们又飞到另一块儿有谷物的地方取食，而这日对切罗赤颈鸭再一次发现了它们，再一次驱赶走了它们。几个星期后，这两只欧鸽就不再到这里来了。但是 1925 年和 1926 年的时候，又有一只欧鸽偶尔在这里出没，并且表现出同样程度的温顺。但是这次也不例外，它也同等遭受到了那一对切罗赤颈鸭的驱赶。

斑鸠并不是长期留守在此的鸟儿，人们渴望听到它们的叫声，并将其作为它们到来的标志之一。坦尼森曾经说过，这种鸟儿的叫声像"老榆树林中鸽子的呻吟"，仿佛这种低吟浅唱的声音里面有诉不尽的衷肠。在英格兰的南方地区，人们总是将这种声音与夏日里温暖的天气联系在一起。此时，它已经成为了夏日的一部分，如果少了它，会让人们觉得这个夏天缺少了什么东西，显得不完整和不充分。

从行为方式上来看，斑鸠总是表现得非常贤淑安静。当我们靠近它们的时候，会发现它们的羽毛色彩非常丰富，当它们飞行时，会将尾巴打开，其尾巴末端的一排白色斑点非常惹人注意。据说，在汉普郡和威尔特郡，斑鸠很喜欢停落在耕过的土地上或者某些土壤暴露出来的土地上，可能在这些地方有非常适合它们胃口的食物。

7月份，已经有相当多的"歌声"停了下来，但是还有一些"歌声"在继续。在6月中旬到7月中旬的这段时间里，鸟儿歌声的减少最为明显。在7月份，我们依然有机会听到鸫和鸫最后一次的"春歌"。但是，任何一种鸟儿的绝唱都不如黑鹂最后一次的鸣唱那么令人悲伤。鸫和鸫的声音我们很快就可以再次听到，但是要想再听到黑鹂的歌声，则必须要等到来年的2月份。我们要忍受一整个寒冬的煎熬，方可再次听到群鸟齐鸣。

在7月份里，除了这些我们已经提及的可以在此持续放歌的鸟儿之外，还有另外三种鸟儿，我们在英国的花园中也可以经常见到，它们分别是赤胸朱顶雀、绿翅雀和金翅雀。虽然在佛劳顿的花园里没有赤胸朱顶雀和金翅雀，但是在威斯佛德和汉普郡，这三种鸟儿却很常见。我们必须对赤胸朱顶雀的声音多加留意，才能听出它们那颇为动听的音调，否则它的歌声极容易被人们忽视。还有，用望远镜来观察雄性赤胸朱顶雀的模样也是一件非常有意思的事情。人们通常会觉得这种棕褐色羽毛的鸟儿不会多吸引人，而人们用肉眼观察到的结果也大抵如此。可事实上，当成年的雄性赤胸朱顶雀处于羽毛生长最佳期时，看起来非常迷人，因为它的胸部和前额长着一些鲜亮的粉红色羽毛。

雄性的绿翅雀也同样是一种非常好看的鸟儿，它们身上的绿色羽毛就像绿鹦鹉身上的羽毛一样，略微带一点儿黄色。它的歌声非常有特点，是由许多不同的啁啾声组成的。它的声调是拉长的，因此人们可以准确无误地听出它的叫声。它的声调听起来有点儿像"咿－吱"或者是"啵咿－吱"这样的声音。我觉得这种声音很有可能是它们对夏日表示出的欢迎。绿翅雀是一种真正的锡嘴雀，它们有非常坚硬的喙。在秋天的时候，我们经常可以看到它们麻利地凿开野蔷薇或者野玫瑰坚硬的种子壳。

据我所知，金翅雀在所有白垩石形成的山谷里最常见，我想这种情况在其他地方也如此。有一次，我在汉普郡的花园里找到了它们的 12 个巢。7 月份的时候，当众多鸟儿都变得沉寂时，金翅雀却给我们带来了一丝鲜活生动的"亮色"。它们不太喜欢安静，总是飞来飞去的。在飞翔的时候，它们翅膀上金光闪闪的羽毛非常好看。因此，无论从羽毛上还是行为上，这种鸟儿都以鲜活生动的姿态出现在我们眼前。

处在幼鸟时期的金翅雀，头部非常光滑，身上羽毛的颜色也不能同成鸟拥有的那种深红色相比，但是它们翅膀上的黄色已经非常惹人注意了，这抹黄色让它们从会飞的那一刻起，便散发出迷人的魅力。它的声音有些琐碎，听起来像是叮当作响的铃声，但还是会让人感到开心和愉快。它们总是处在不停运动的状态中，从一个地方飞到另一个地方，让花园看起来颇有生气。

金翅雀给沉闷的 7 月带来了一丝清新，这种作用就像是桦树在树林中作用。7 月份是欣赏桦树的好月份，当栎树和山毛榉树的叶子开始变得很深的时候，它们遮挡了阳光，而且在和风的映衬下，更显得"僵硬"和"顽固"。但是此时桦树的叶子却优雅地生长在长长的茎上，微风吹来，树叶充分展开，以便光线透过，看起来这些树木正在欢迎阳光的到来，而非排挤。虽然在冬天，它们光秃秃的树枝上也会长出黑色的芽苞，和其他缺乏优雅的树木没什么区别，但是仲夏时节，桦树颇具优美典雅之态。如果花园里恰好有几只金翅雀，而附近又有几棵桦树的话，那么因仲夏闷热天气而带来的沉闷心情就会得到很大程度的缓解。

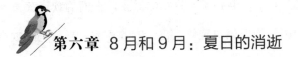

第六章 8月和9月：夏日的消逝

　　8月份是打猎和诱猎鸟儿的好时节，但是除此之外，我认为8月份和9月份是一年当中最索然无味的两个月份。

　　从季节上来说，这两个月份还处于夏季的范畴，但是白天已经明显变短了，而且气温也开始降低。在8月份结束之前，人们会觉得吃完晚餐后生起火堆是一件非常惬意的事情。虽然此时花园里依然热闹欢腾，但是初夏时节花儿给我们带来的兴奋和新意正在随着时光逝去。

　　现在，即使是最美丽的玫瑰花，无论是花的大小还是数量，都远不及6月份和7月份的花儿。那个时候，玫瑰花和菩提花开始绽放，标志着一年中最高潮时刻的到来，可是现在它们即将凋零了。虽然现在它们还有美丽的颜色，但是在它们身上我们已经感受不到任何的精气神。尽管福禄考的花儿现在还非常美丽，可是它的气味儿中却透着让人讨厌的东西，不过，我却喜欢闻这股"香味"，因为它会让我想起一些古老的书卷。当我联想到图书馆中那些皮革材质的书本时，我更加喜欢这些花儿了。

鸟儿们在这两个月份显得非常沉寂。即使是那些在7月份依然能够持续鸣唱的鸟儿，也不会将它们的歌唱延续到8月份。虽然如此，在8月份早期的时候，我们还是可以听到一些鸟儿的叫声。这时正是"春歌"结束和"秋歌"开始的交接时间，在这时聆听鸟儿们的叫声仍然能让人感受到快乐。

7月份时，鸫已经不怎么叫了，但到了8月初的时候，它们的歌声又重新飘扬起来。在最后一只不知疲倦的鹪鹩决定停止自己的歌声前，当黄鹂的歌声沉寂前，人们还能够听到第一声"秋歌"的响起。此时，柳林莺也会发出一种低沉的声音，只是这种声音不常能听到，这是它的"暮歌"（我的一个朋友如此评价了柳林莺的叫声，我觉得非常贴切）。还有一些漫不经心的椋鸟，它们偶尔也会发出一些欢快的哨声，只是这种声音并不连贯，但我们仍能从中听出一丝丝愉悦的感觉。在8月初的一两个星期内，有相当一部分鸟儿会沉寂下来。这种现象表明了它们的求爱和筑巢期已经结束了，一个崭新的时期已经开始了。

人们对于"春歌"和"秋歌"并没有严格的定义，而且这两个词语已经被我多次使用，如果真要界定这两个词还是有一定难度的。在这里，"春歌"一词被用来形容那些已经完成了哺育期任务的鸟儿的歌声，这种歌声会无明显间隔地一直延续到夏天。"秋歌"是指那些经过几周的沉寂之后，在夏末或者早秋时又重新开始鸣唱的鸟儿的歌声。比如说鸫，它在经历过仲夏时节一段非常明显的沉寂期后，在8月份又重新开始鸣唱，因此我觉得8月份之后的歌声应该属于"秋歌"。

如此一来，鸫的"春歌"和"秋歌"之间存在着一个明显的间隔期。但是，8月份它们一旦恢复了自己的声音后，这种声音便会一直持续到来年的6月底，期间不会再休息。对于这种情况，我们说不清楚"秋歌"是何时停止的，"春歌"是何时开始的。除了单一地以时间来界定之外，这两者之间还存在着实质性的区别。随着交配期的临近，这些鸟儿的叫声会变得更加响亮和充沛。

9月份时，柳莺和棕柳莺会在离开我们之前开始鸣唱。有一个疑问：暖冬时节，它们的歌声还会继续吗？如果答案是肯定，那么这种情况就和鸲一样。我的观察结果告诉我，它们从离开我们到返回到我们身边的这段时间里，一直都在唱歌。只不过，我们还是不能确定，它们是仅仅唱同一首歌，还是唱两首歌。我们只知道在仲夏时节，它们会有一段沉寂期，那么在冬天时它们是否还有另一段沉寂期？这我们就不得而知了。同时，还有一个更大的问题等待我们解决：那就是它们"歌唱"的原因、起因或者源头是什么？这个问题回答起来很困难，而且也很复杂。

文献资料记载了这样一个故事，是一位颇具盛名的哲学家对这个问题所作的一系列阐述（至于真假与否，我不得而知）。他的解释非常简单：当食物充足并且鸟儿的精力旺盛时，它们就会歌唱；当天气寒冷并且鸟儿的体力下降时，它们就会停止歌唱。下面我就假设了一段对话，这段对话可以用来反驳他这个笼统而又轻率的论断。

假设这段对话中有一位谈话者 A，他支持上述这位学者的观点；还有一位谈话者 B，他对这位学者的观点持有一定的疑虑，下面是这两位谈话者之间的对话：

B："每年的 8 月份和 9 月份，鸟儿们是不缺乏昆虫、果实、种子以及谷物的，但是这两个月里鸟儿的叫声似乎少了很多。"

A："所有的生物，包括鸟儿在内，它们都会有一段时间致力于繁殖后代，这段时间它们会因为负担沉重而疲于应对其他事情，比如说哺乳动物中的红鹿，鱼类中的鳗鱼等都是如此。在这个过程中，雄性会受到更大的影响。我也深知仲夏时节，鸟儿会进入换毛期。这也是一个非常消耗精力的时期。因此，在你所提到的这两个月份中，鸟儿，尤其是那些雄性鸟儿，会因为上述原因而得不到很好的恢复。"

B："到了 10 月份，鸲又重新开始鸣叫了，而黑鸲却没有鸣叫，黑鸲和鸲一样，都是活力十足的'歌唱家'。对于它们来说，食物都是同样充足的时候，黑鹂为何不能像其他鸟儿一样鸣叫呢？"

A："我也无法确定这个问题的答案，或许是因为黑鹂的换毛过程比鸫更厉害，更严重，因此在寒冷而又缺乏食物的冬天来临之前，它们还是无法完全恢复。"

B："虽然你的回答看起来有理有据，但是我还是觉得有些奇怪，就比如说鸫，它们在仲夏时节的换毛期看起来非常可怜，但是到8月份的时候，它们却早早地恢复了原来的叫声。倒是黑鹂，即使是到了10月份它依然没有恢复过来。如果影响鸟儿鸣叫的两个因素是天气和食物，那么夏末和秋天，应该是鸟儿恢复鸣叫最多的时期，远比现实中要多。然而事实却并不是这样，甚至有些出人意料。我打个比方吧，如果食物和温暖的天气是鸟儿鸣叫的决定性因素，那么在仲冬时节里，槲鸫的鸣叫又是怎么回事呢？"

我都无法替A回答最后一个问题了，这段对话到此也该终止了。不过有一点我们必须承认，那就是食物的匮乏会造成严冬时节鸟儿叫声的停止。虽然充足的食物对鸟儿的鸣叫来说是必要条件，但并不是根本原因。用一个形象的比喻，就是以色列人制造砖块这件事情，以色列人如果缺乏稻秸的话，便无法生产出砖块，但是有稻秸并不能成为它们制造砖块的原因。

我们换一个话题，那就是将鸟儿的歌声视为"鸟儿求偶和配对过程中的组成部分，是某时期内特有的兴奋感情的表达方式"，这个理论是否正确？我们将这一理论用于黑鹂身上可能比较合适。在2月份之前，倘若听到黑鹂的叫声是一件让人非常意外的事，以至于人们不能单纯地将它的叫声归类到"秋歌"中。这种鸟儿开始鸣唱是因为其交配的本能。但是，当它们的繁殖期一结束，它们的叫声也就马上结束了。而事实上，它们的叫声也仅仅局限于这一时期。

因为黑鹂的雄鸟都满怀希望，试图能打动雌鸟。换句话说，也就是雄鸟在这个时期的叫声，其实是因为它们的竞争、斗争和兴奋的本能。如果将这个观点推广开来，甚至将其作为一般性的结论，那我们难免又会困惑，因为鸫的情况又是一个例外。即使到了秋天，这种鸟儿依然没有任何配对的想法，它甚至都不愿意让雌鸟靠近。每一只鸫都在孤独地守候着自己的领地，一旦有另外一只鸫闯进它的领地，无论性别如何，都会引来一场搏斗。

我曾就鸫的这个习性做过一些观察，并将在最后一章里向大家介绍。我之所以在这里提起，是因为这种鸟儿对领地的安排和边界的划定都靠争斗解决的。因此，我们在秋冬季节听到的鸫的叫声，实际上是它对自己领地的宣告，对领地占有权的声明，以及对保卫领地决心的宣誓。这方面的原因也会引来鸟儿的鸣叫。鸟儿们在繁殖期都会变得躁动，如果考虑这一因素，我们自然就会联想到鸟儿的叫声也就会因此变得更加强烈。由于鸫非常热衷于领域之争，因此它们的歌声也成为了秋冬季节中最为持久的歌声。

还有一个方面，那就是迫于食物的原因，有一些鸟儿会集结在一起或者离开它们的繁殖地。比如苍头燕雀家族就会集结在某块谷地或者是场地附近。这个时期它并不需要去占领领地，因此它们便不会鸣叫。在威尔斯佛德和佛劳顿地区，我对鸫的不同习性进行了观察，结果更加肯定了这一理论。

在南方地区，当鸟儿处于繁殖期时，这些鸟儿或者是其中的某一部分，会待在一个共同的地方。在那个地方，它们只有在秋天的时候才会发出鸣叫。佛劳顿虽然距离海岸线只有二到三英里，但是鸟儿们在夏季的时候却会全部迁徙到这里。这时候它们已经没有任何管辖领地的欲望了，而且也不会再鸣唱那首老歌了——曾经在南方时经常鸣唱的"歌曲"。

综上所述，我们可以得出四个结论：

1. 充足的食物是鸟儿鸣叫的必要条件，但不是引发鸟儿鸣叫的根本原因。

2. 对于所有的鸣禽来说，求偶冲动是引发鸟儿鸣叫的亘古不变的原因。

在这个时期，它们会尽情歌唱以展示自己的力量之美。

3.引发鸟儿鸣叫的另一个原因是单纯的领域辖制问题。

就算是到了现在，我们也不能单纯地满足于这三条结论。因为对于椋鸟的秋歌，我们还需要另外解释一番。这种鸟儿的数量非常多，人们经常会见到好几只椋鸟落在一根树枝上面的情景，而且它们在秋冬季节也过着群居生活。对它们来说，根本无需考虑领地的问题，更加不需要考虑配对的问题。我们对此能作出的唯一解释就是，椋鸟之所以在这个时期依然继续鸣唱，是因为它们没有任何要停止的理由。考虑到椋鸟的这种情况，我们还必须补充上第四条结论，大概如此：

4.一些鸟儿鸣叫并非出于什么特殊原因，而是其自身身体状况良好的一种体现。这时候，它们身体健康，而且没有受到任何恶劣天气的影响，也不处在换毛期。

在求偶期内，任何兴奋异常的举动都会引起鸟儿强烈的叫声，如同把一块石头投进芦苇丛中，就会激起芦莺或者水蒲苇莺的一片嘶鸣一样，我们在前面也提到过这样的现象。也许野鸡在受到雷声或者枪声的惊吓后，所发出的哑哑的鹊起声也是受此影响，但它们的这一习性并不仅仅局限在繁殖期内。

我认为，求偶期内鸟儿的鸣叫更像是一首富有挑战的歌曲，而非什么爱情之歌。更确切地说，它们的歌声是一首战争之歌。我曾目睹过两只鹪鹩在一片草地上争斗的全过程。它们是如此全神贯注，甚至没有注意到我的存在。最后，其中的一只鸟儿取得了胜利，成功地将失败者赶走了，之后，它便飞到附近的灌木丛中，发出了比获胜之前更加嘹亮的歌声。

我们对于整件事情可以形成一个共识：那就是要尽情去享受鸟儿的歌声，而不必执著于它们发出鸣唱的原因。如果人们只顾着刨根问底，那么就不可能完全享受到其中的乐趣。

第七章 10月、11月、12月：冬季鸟儿

似一个全身闪耀着胜利光芒的国王，9月穿着金色的戎装归来。

这是斯温伯恩笔下的9月。在英格兰的北部地区，确实会呈现出这样的景象：土地还未被野草覆盖，但是大地已经被谷物装扮起来，呈现出一片丰收之景。苏格兰高地上，山楸树的叶子在夏末的时候会变换成另一种颜色。

试着在脑海里想象一下：有一条小溪正在缓缓流淌，河道中躺着许多石块儿，河两侧的山楸树叶子已经呈现出深红色。顺着这道深红色，我们可以很清晰地看到小溪流去的方向。但是在英格兰，9月份的树林是一种较为暗沉的颜色。如果从这个角度出发，那么斯温伯恩诗中所描写的更像是10月份的景象。尽管有秋分时的风潮，但是通常来说9月份还是一个相对沉寂的月份。花园在雏菊、鸢尾和多种其他色彩的花儿的装饰下显得非常好看，而且，还有红色的蝴蝶时不时地在大丽花的花朵上嬉戏。

但是现在，自然界所有的生长都停止了，植物的生命更像是在延伸，而非生长。夏之神似乎也停止了它的努力，此时正满足地看着自己的成果，并且时刻准备着离开。在 10 月份的某段时间，有可能是月初，也有可能是月末，会有一场不可缺少的霜雪降临。在某一天晚上之后，天芥菜也变成了黑色，大丽花也凋零了，一切的一切都在消失，唯有那些光秃秃的土地表面依然保持着丰盛。

　　9 月份，花园里花匠的工作似乎也更加繁重了，那些高高生长起来的豌豆株和其他的作物，还有长满枝叶的果树和灌木会将他深深地隐藏在其中。如今，当他在光秃的土地上工作时，他是如此醒目，看起来就像是空旷的平原上矗立着的一座高大建筑。在绿色植物中，除了晚生型的卷心菜，耐寒的、紧紧卷曲的汤菜以外，这个时候大家很难见到其他作物。如果我们品尝它们的味道，也可以品尝出一丝顽强执著的精神，但是接下来的这段时间对它们而言将非常漫长。

　　今年（1926 年）的 10 月份，在佛劳顿会有三天时间，即 2 日、3 日和 4 日，白天非常热，就连夜晚也非常暖和，这种感觉就跟仲夏时的感觉一样。一般情况下，10 月份会有少数几天非常暖和，但是到了月中，我们就能明显感觉到夏天已经结束，而另一个季节正在开始。

　　树林在相当长的一段时间里都披着深绿色的外衣，如今已沉醉在这色彩斑斓的世界里。即使是最平凡常见的野樱桃树，现在也变得异常绚丽，以至于人们都无法用言语来形容，语言在这个时刻显得如此苍白无力。此时，有的树木的树叶开始静悄悄地掉落，桦树和西克莫树就是如此。但是，大多数树木依然保持着独特而美丽的样子。马栗已经变成了金黄色；榆树也是如此，只是比马栗稍微晚一些。

　　和其他树木相比，此时的山毛榉让人尤为尊敬和敬仰。它那深色的叶子先是变黄，到了飘落的最后阶段又变成了深棕褐色。春天里，我总会留出一个星期天，专门用来观赏山毛榉树的新叶所具有的美丽风韵。同样，在秋天也应该留出一个星期天以欣赏它的色彩，我们称这个星期天为"山毛榉树的星期天"。大多数情况下，佛劳顿在每年10月份的最后一个星期天就是"山毛榉树的星期天"，然而在英格兰的南部却是每年11月份的第一个星期天。但是似乎秋天的气候要比春天的气候更不稳定，因为今年叶子的颜色变化就非常晚。

10月份，经历过霜雪后的野外最为迷人，此时的天空仿佛一块毫无瑕疵的蓝宝石，通透明亮。就在这样的天气里，绚丽的树叶一片一片飘落下来。自然规律告诉我们，在每一片落叶下都孕育着更为稚嫩和新鲜的生命。

10月份的其他日子则是大风肆虐、暴雨侵袭。这是一年当中最为潮湿的一个月，因为这个月的降雨量非常大，而大量的降雨主要是指少数几天的暴雨，不是很多天里的毛毛雨。就我所知道的，东北的海岸线上会有长达三天的持续降雨，如果用降雨测量计进行数据观测的话，这三天的降雨就是10月潮湿天气的功臣，而在剩下的日子里，天气状况还算不错。人们也会被秋天的地面色彩所吸引，这时的地面就跟树的颜色一样，在落叶的装点下，呈现出一片米黄色，看起来像是铺着地毯。

这时有些人就会有疑问：上面所谈论的一切跟鸟儿又有什么关系呢？事实上，秋天中的每一个景象都显得重要和壮丽，以至于我们不可能仅仅将注意力放在鸟儿的身上。在10月份，鸟儿们最能吸引我们注意力的就是其生活周期的变化。有一些不是我们国家"常居人口"的鸟儿在此时也会飞到这里，并且向我们大肆炫耀：

冬天静谧的脚步悄然到来，一切昭然若揭

…… ……

萧瑟的北方留不住这位苛刻帝王的脚步

开始了一段一如既往的征程。

这几句诗歌是华兹华斯描述鸫从树林飞到他的房屋附近唱歌时的场景。但是我觉得这几句诗歌更适合用来描述从北方地区远道而来的鸟儿们。

像丘鹬、斑尾林鸽和戴菊鸟等，都是从国外飞回来的，并伴随我们在这里度过了整个冬天。而有些鸟儿是会留在这里繁殖后代的，因此，一年四季我们基本上都能看到它们的身影，因此它们的出现，并不能让我们联想到冬天的到来。

还有一些在沿海地区的鸟儿，我不知道它们在秋冬季节是否也会留在英国境内繁殖。长腿灰鹅是唯一一种在大不列颠群岛生育繁殖的野生鹅类，在这里，我所要提及的是红足、豆冠和白面的鹅类——这些鹅都属于灰鹅的范畴。同时我还要介绍黑雁和滕壶黑雁、金眼和长尾鸭，还有一些小的在海岸生活的鸟儿，比如说红腹、滨鹬、翻石鹬、紫矶鹬、三趾鹬等。

在上面所提及的鸟儿中，有一些鸟儿的生育繁殖场所是人类不容易见到的，比如说杓鹬和矶鹬。人们在很早以前就对这种鸟儿进行过观察，并认为它们是候鸟，它们远道而来，只不过是到南方的滨海做一次远途旅行。如果我没记错的话，它们的生育繁殖场所被发现于西伯利亚，英国的鸟类学家在那里发现了它们产下的卵。

有四种我们非常熟悉的鸟儿，它们的足迹遍布这个国家的每个角落，但它们却不会留下来生育繁殖，它们就是田鸫、红翅鸫、荆棘燕雀和姬鸫。

田鸫和红翅鸫属于鸫类，我们通过对它们停留期的观察，发现这两种鸟儿喜欢群居生活。田鸫的出现伴随着其特有的"恰啃"的叫声，它和红翅鸫一样都喜欢在树篱间活动，大概是在取食上面的浆果。我曾在一大树林里见到很多田鸫。这片树林中的树木较为分散，树下遍布野山楂的灌木丛。那一天，我正匍匐在此猎取野味。田鸫并没有因为我的到来而离开这片树林，而是到处乱飞，它们的数量太多了，以至于我的视线都被飞来飞去的田鸫挡住了。

红翅鸫非常脆弱柔嫩，它们在天气还不是很冷的时候，就表现出了无法承受的样子，而此时的黑鹂或者田鸫都还未显示出任何受打击的迹象。红翅鸫在房屋墙角下无力地跳跃着，充满了犹豫和虚弱。毛翅鸫是鸫类中个头最小的，在有雪的日子里，与其他留鸟相比，它们明显缺乏自食其力的能力。虽然它们在冬天的时候显得非常脆弱，但在舒适的夏天却显得生机勃勃，尽管如此，它们还是不会在这里安家。红翅鸫两侧有非常鲜亮的红色羽毛，所以我们才会认为它们是鸫类中较为稀有的品种，而其他鸫类的鸟儿这里有很多，但它们的羽毛并没有鲜艳的颜色。

有一种北美的鸫类鸟儿，它的胸部呈红色，而我们这边胸部呈红色的鸟儿都是鸲。对此，我们深知是最早到北美的那一批定居者将它称为了"鸫"，这个名字也就广为流传了。北美的人口数量庞大，远超于大不列颠群岛的人口数量，因此我建议所有说英语的人们，不如将这种鸟儿的称呼改为"鸲"。即便这种鸟儿的体型较大，而且也和圣诞卡上的鸲、我们民谣民歌和传说中的鸲没有任何的联系。

田鸫虽然没有红翅鸫的色彩鲜亮，也没有槲鸫个头大，但是从其羽毛灰暗色彩变化的丰富程度上来看，这种鸟儿是鸫类中最好看的。

荆棘燕雀，这种鸟儿通常会在 10 月份的时候抵达这里。大部分情况下，成群的荆棘燕雀会集结在一起，如果山毛榉树上有充足的果实，那么它们将全都集结在山毛榉树下。在佛劳顿，人们似乎对山毛榉树的果实有点儿摸不透，因为在某个年份里，这种三棱造型的果皮里几乎是空的，但是在某些年份里，这些果实又非常饱满。曾经有一年，我见过山毛榉树的果实长得非常好，树枝都被核仁染白了，而且树枝伸到了公路的中央，公路因此变得交通堵塞并因此阻碍了交通。到了这一年的严冬时节，成群的荆棘燕雀集结在山毛榉树下忙于取食。我曾在隆冬的时候统计过荆棘燕雀的数量，发现它们远远超过了这个地区其他种类的鸟儿。树上覆盖着薄雪，它们也就显得更加惹人注意了。

凡是描写过鸟类的书，都有荆棘燕雀的彩照，从中我们可以看到，在筑巢时期，荆棘燕雀的头部和颈部都是黑色的，苍头燕雀长得很像，这种细微的差异需要用望远镜才可以分辨出来。但是，当这种鸟儿在空中飞翔的时候，就不难分辨了，因为它们在飞行时翅膀是打开的，两翼之间有一道白色的条纹，十分显眼，以至于人们立刻就能认出它们来。它们的啁啾声也非常有特色，曾经有人对它们的声音进行过描述，形容那声音是"一种疯狂似的吵闹声"。我曾听过它们的声音，隐约透露着"疯狂"的感觉。

某年的冬天，我用线绳围起一个圈子，以便喂养一些水鸟，有许多荆棘燕雀飞到了这个圈子里来，我逮到了一只雄性的荆棘燕雀。我用剪刀小心翼翼地剪去了它头部和颈部的羽毛末梢。我以为这种方法可以使鸟儿的羽毛很快换成哺育期的羽毛。但是这种人为的改变，并不是鸟儿天然磨损形成的羽毛，所以我失败了。这一点对那些研究鸟儿换毛期的科学家们来说具有一定的参考价值。

田鸫、红翅鸫和荆棘燕雀为了避开斯堪的纳维亚地区的严冬，选择在这里的土地、树篱、树林，甚至花园中避难。但是我从来没见过它们产卵或者鸣唱过任何一首歌。为什么它们不选择在这里"安营扎寨"呢？也许是因为北方有更多适宜它们捕食的食物，而这里的食物比较缺乏，或者是因为它们有在北方生育繁殖的习性。但是为什么它们在离开之前连一声鸣唱都不发出呢？

5月份的第一个星期要结束时，我在佛劳顿发现了田鸫的影子。那时候，留守在我们身边的鸟儿正在尽情欢歌，甚至有一些已经持续唱了好几个星期、好几个月了。但是在英国，它们的歌声早已销声匿迹。就算一些人有幸听过这些冬季鸟儿的歌声，也是支离破碎的。虽然我每年都会见到这三种鸟儿，而且对它们非常熟悉，但是要想在英格兰听到它们的歌声却非常困难，难道是因为这些鸟儿只会在自己的"故乡"（这里的故乡并非是指鸟儿们长期停留的地方，而是指它们出生、交配和筑巢的地方）唱歌吗？

对于那些在 4 月份从南方飞到我们这里来的鸣禽来说，有一个"非故乡不唱歌"的原则，难道这个原则也体现在这些鸟儿们的身上吗？柳林莺和棕柳莺在到达这里之前，也会在法国南部地区鸣唱，这一现象就为我们之前的疑问做出了肯定的回答。当然，还有一种可能，那就是这些在法国鸣唱的鸟儿有可能就是那些希望在那里筑巢的鸟儿。现在，我们就要区分一下到底哪些柳林莺或者棕柳莺会在英国筑巢，并且在冬天鸣唱，又有哪些鸟儿会踏上回去的征途。

但是，有几点我还没有搞清楚，在 9 月份离开我们之前，已经有很多棕柳莺再次恢复了鸣唱。不过它们究竟是在离开我们的同时将歌声一并带到了南方，并且在秋冬时节依旧歌声飘扬？还是当它们离开英格兰后，歌声就停止了，然后在来年三、四月份重返"故乡"的时候才开始鸣唱呢？对此，我们不得而知。

接下来我要向大家介绍第四种冬季鸟儿，那就是姬鹬。我对那些关于姬鹬在英国生育繁殖的报告非常好奇。因为据我所知，目前专家们还不能确定杰克沙锥是否曾在英国产卵。从体型上来说，姬鹬是体型非常小的鸟儿，并且它们从不发出鸣叫，即使受到了惊吓，它们也只是悄无声息地飞走，而不会表现出惊慌失措的样子。即使在飞翔过程中，它们也依然透着一股子安详劲儿。哪怕是人们朝它们射击，在没有打中的时候，它们也是不慌不忙地选择在不远处落下来，似乎它们从来不觉得人们会射杀它。

我有一次在花园的小径和草地边缘形成的拐角处发现了一只姬鹬。它安静地躺在那里，几乎就在我的脚边。我仔细打量着这只活泼可爱而又没有丝毫受伤迹象的鸟儿，它背部的羽毛是紫色的，异常好看，此刻我完全没有射杀或者捕猎它的欲望。我忍不住伸手去抚摸这只可爱的鸟儿，但是它立刻轻巧地飞走了，还带有一副满不在乎的神情。鸟儿飞过高高的女贞树和花园的防护栏，飞出十几米远后，落在了那里的一条小溪边。我想到曾经有人射杀这种可爱的鸟儿，不免有点儿伤感。因为这种鸟儿真的太小巧玲珑了，即使拿来烹煮也不能满足人们的胃口，而且它们总是表现得非常安逸，似乎它们就是"暴力反对者"。

这些常见的冬季，候鸟会在 10 月份的时候出现在人们面前，并成为乡村生活中最受瞩目的一道风景线。然而鸟儿的迁徙活动早在夏季结束之前就开始了。很多年以前，在 8 月初的时候，总会有一只鸟儿停落在我的池塘边，驻足片刻后便离开。这种鸟儿的个头要比常见的沙锥鸟的个头大一些，并且会发出一种比红脚鹬鹬还要尖锐刺耳的声音，有些像哭喊声。偶尔也会有两三只这种鸟儿抵达这里，并在这里驻足，但是通常情况下，一只会发出那种尖锐刺耳的哭喊声，并不断重复，然后离开。

不过，我已经很多年没有见到这种鸟儿了，也没有听到过它的叫声了。这种鸟儿的学名叫作绿沙锥，目前还没有任何证据显示它们是在英国生育繁殖的。我在池塘边所见到的那只鸟儿也不会在这里度过一整个夏天。如果能待到 8 月份，这个时间对于它来说已经很晚了，它不可能向北方迁徙，因此我觉得它很有可能是飞到南方去了。

据说，第一批从北方繁殖地飞往南方的鸟儿，都是那些成年的雄性鸟儿。它们大都没有进行交配，不需要承担抚育后代的职责，精力也没有因此而消耗，也没有因家庭原因而被拖累，所以它们会提前飞往南方。我想我看到的绿沙锥，就是这种成年雄鸟中的一只。它的出现，也成为我判断佛劳顿秋天来临和冬鸟回归的首要标志。

有一些冬鸟比较罕见，但是如果人们长期生活在乡间，一生当中还是有一两次机会见到它们的。

某一年的冬天，有一群蜡翅鸟飞到了英国境内，接下来就有很多地方相继报道，说这种鸟儿大量出现。很久以前有三十多只蜡翅鸟在佛劳顿的池塘附近停留了两三天，很不凑巧，当时我不在家，但是我的一个朋友看见了它们，并进行了观察。他告诉我，蜡翅鸟似乎以荚蒾上的红浆果为食，但是它们又不是非常钟爱这种红浆果，因为直到年末的时候，莱蒾树枝上还挂着这种红浆果。而山楂树上的浆果却非常稀少了，它们似乎更喜欢山楂树的浆果，因此在果实成熟后就将其啄食干净了。尤其是槲鸫，对这种果实更是情有独钟。蜡翅鸟的叫声会经常飘荡在山楂树的周围，这种声音也成为了早秋时节人们最耳熟能详的声音之一。

我想，蜡翅鸟名字的由来可能与它翅膀上那特别鲜红的羽毛有关系，因为从远处看，这些羽毛就像是滴在翅膀上的封蜡一样。不管怎么样，蜡翅鸟这个名字都要比"波西米亚的啾啾鸟"显得更简短利落，并且人们也更愿意接受。

还有一种冬季鸟儿就更加罕见了，我也只见过一次，那是1月份某个星期天的下午，当时我正要去邮局寄信。我要说明的是，在我们这里，星期天时邮递员是不上班的，因此我们不得不亲自去做这个工作。邮局在三英里之外的地方，再加上道路也比较偏僻，因此走在这条路上会觉得很乏味。突然间，一只黑鹂的叫声吸引了我的注意。这种叫声比平时黑鹂受到惊扰时那警报式的叫声更加响亮，仿佛是受到了什么惊吓。那只黑鹂飞到树篱中躲了起来，随后又有一只鸟儿出现了，个头和黑鹂差不多，尾巴非常长，看起来非常安详。这只鸟儿在我前面一排低矮且光秃的树篱上落了下来，我很清楚地辨认出这是一只灰伯劳，只是个头较大。从行为上看，这只伯劳不像是在追杀那只黑鹂，然而，黑鹂看起来却明显受到了惊吓。

在此后一两年的时间里我都待在伦敦，并没有回家乡去。但是我听别人说在3月初的时候，连续好几天都有人在我房屋附近看到一只灰伯劳。那里是长尾山雀经常筑巢的地方。在它出没的那几天里，人们发现了一只长尾山雀的尸体。我想这只长尾山雀就是被灰伯劳杀害的。那一年之后，再也没人在那里见过长尾山雀的巢。

我引用《佛劳顿文集》中的描述：我亲眼见到一只丘鹬在秋天时从诺森伯兰郡的海岸穿过大海飞抵这里。这种鸟儿看起来非常强壮，它的出现总是让人有眼前一亮的感觉。但是事实上，只有戴菊鸟飞越北海才真正算得上是鸟儿迁徙中的一个奇迹。有关鸟儿迁徙的更多介绍和描述，可以查找苏格兰教会编写的有关英国鸟类的书籍，在书中可以找到很多这样的例子。

从地理演变的时间来看，北海在很早以前是不存在的，那时候北海还是一片陆地。在那片陆地上，有一条大河流向北方直至注入北冰洋，莱茵河是这条河的源头，当时泰晤士河也只不过是它的一条支流。当时，鸟儿飞往英国的"西迁运动"是一件非常容易且固定的现象，而且陆地和海洋的天气变化也会对它们的迁徙产生影响。时间的变迁使得鸟儿们飞越这条逐年变宽的河流的能力愈发增强了。

良好的天气条件是鸟儿们西迁的有利因素，当天气状况不好的时候，它们就会感到疲惫，甚至还会有一些鸟儿在迁徙过程中死去。有很多丘鹬在迁徙过程中会途经爱尔兰，并出于本能在那里停留一段时间。如果有一些丘鹬想像哥伦布一样穿越大西洋，它们肯定会失败，因为到目前为止，还没有成功的案例发生。很少有鸟儿在改变这种迁徙习性后还能够活下来。

天气的变化很大一部分原因是因为海洋的水流和大风，北冰洋和北太平洋的海流都分别对新老大陆的海岸线产生了影响。墨西哥暖流冲刷着老大陆的西北海岸，同时另一股暖流对新大陆的东北沿海产生影响，这些影响使处于同一个纬度的纽约和里斯本的天气迥然不同，纽约的天气更为寒冷，远超过了苏格兰冬天的寒冷程度。同样，亚洲东北海岸也会有一股暖流流经。冬天的时候，符拉迪沃斯托克（海参崴）附近的海洋则会因此产生一层厚厚的冰层。

从符拉迪沃斯托克开始，沿着同一纬度向欧洲追寻，我们会发现，虽然我们只需要用手指在地图上轻轻画一道，便可以到达罗马北部，但是两地的天气却有着天壤之别。北太平洋的日本暖流和北大西洋的墨西哥暖流也都会对天气产生这样的影响。在这种影响下，美国的东北海岸线会从中受益。一般情况下，如果没有山脉阻隔海流的自然运动，在大陆东部生育繁殖的鸟儿都会到西部温暖舒适的地区过冬，因此每年冬天，大不列颠群岛就会引来一批从东方和北方飞来的鸟儿。

如果说 5 月份是一年中气温升高最明显的月份，那么 10 月份就是一年中气温下降最明显的月份，其月气温的平均下降幅度为 7℃左右。到了 11 月份，下降的幅度就会保持在 6℃左右。到了那时，树上的树叶已经基本掉光了，只剩下光秃秃的树干。不过在冬天里，鸟儿们还是不停地飞到这里。11 月份并没有太多的风雪和霜冻，因此鸟儿还不用太担心食物的匮乏和冬天的严寒。人们甚至偶尔还可以见到燕子在这里无忧无虑地徘徊飞翔（1926 年 11 月 3 日，我在佛劳顿见到了五只燕子，到了 11 月 7 日，我又见到了两只燕子）。但是事实上，这些燕子是在冒险，因为接下来还有一段很长的路程等待它们去飞行，并且这中间会出现各种各样异常的天气，都会导致食物匮乏。

在冬天，鸟儿的叫声中最有代表性的是棕色猫头鹰的高贵叫声。它们的叫声在秋天并不会显得多突出，但是到了冬天，这种声音就非常惹人注意了，莎士比亚曾就此写过一段话：

屋檐下滴水成冰的时节
猫头鹰瞪大了双眼，在静谧的夜里吟唱
吟唱；
吟唱，充满了欢乐的调调

猫头鹰的叫声总是被诗人们用来抒发自己的感情，在夜晚教堂墓地的旁边，心情悲哀的格林就曾如此描述过猫头鹰的叫声：

郁闷如它，天空中皎洁的月亮成为了猫头鹰倾诉哀伤的对象。

通常情况下，猫头鹰的声音被视为不祥之声。但大多数情况下，它们的叫声是比较好听的，平稳而流畅，大概每隔四秒就会有一次间隔，然后又是一声悠长的叫声。它们叫声的开端听起来比较震颤，但是到后面却较为饱满和圆润。当然，有时候别的鸟儿也会发出完全没有震颤音调的长叫声，但是这种叫声时断时续，听起来有点儿不流利。

有一次，我站在一只猫头鹰的身边，而这只猫头鹰丝毫没有觉察到我的存在，我听到它发出了持续不断的叫声，那声音舒缓而好听。它的叫声中没有任何间隔。猫头鹰的叫声也为林中群鸟的叫声添上了丰富的一笔，如果缺乏了它们的叫声，林中反而显得没有生气了。有一段时间本应该听到猫头鹰的叫声，但是猫头鹰却选择了沉默，我因此变得非常烦躁，我渴望听到它们的叫声，并担心这种鸟儿会远离我而去。

据我估计，精力充沛的雄鸟的叫声是猫头鹰叫声的主要组成部分，而且通常它们的叫声会得到不远处另外一只猫头鹰的回应。似乎它们的叫声也和其他鸟儿的叫声一样，是对自己管辖地的宣言和声明。它们的叫声中有一种音调很像是呼喊声，类似于"克－契克"的声音。当这种声音响起的时候，大概正是它们的幼鸟还在身边四处乱飞的时候，而且这种叫声的频率也很高，以至于如果它离房屋太近的话，会给人心烦意乱的感觉。

根据我的了解，猫头鹰中唯一一种能发出叫声的是棕色猫头鹰，如果这件事是真的，那么它们绝对是大自然对人类的馈赠。棕色猫头鹰很容易见到，也很平凡，似乎我们完完全全拥有它们。猫头鹰经常会被一些小鸟包围，这种现象一直令我困惑不解。小鸟们对于猫头鹰的仇恨是显而易见的，因为一旦有猫头鹰出没，鸟儿们就必须安安分分地待在一个安全的地方。而猫头鹰的叫声在人们看来是对小鸟们的威胁和恐吓，有种不祥的征兆。所以人们对此也充满了疑惑，并认为它们包围猫头鹰的行为具有偶然性，并不常见。

可事实上，这种情况非常常见。在一片树林中，一棵巨大的冷杉树上响彻着各种各样的鸟叫声，我们靠近这棵树仔细观察时，发现有一只猫头鹰可能是受不了群鸟嘈杂的鸣叫，从树中飞了出来，而那些鸟儿却一直追赶着它，并发出了更多更响的叫声，声音中似乎充满了憎恨和厌恶。

如果我们认为这是因为鸟儿们有防卫猫头鹰的意识，那未免有些不合情理，为什么鸟儿们会注意不到猫头鹰的存在呢？我想有这样一种可能性：小鸟总是痴迷于自己的事情，突然间看到猫头鹰来到眼前，这是意料之外的事情，于是它们开始惊声尖叫，这种尖叫声引发了其他鸟儿们的警觉，它们会认为这只猫头鹰做出了违背其日间习性的恐吓活动，于是就群鸟共鸣拉响"警报"。在鸟儿中间可能存在这样一份《林中公约》，正是这份公约发挥了作用，才能让鸟儿们与猫头鹰和平共处在同一片树林里。或许是鸟儿们认为猫头鹰做出了有违公约的行为，于是就联合其他鸟儿共同声讨它。

一般情况下，鹰的出现会引起鸟儿们的恐慌，大部分鸟儿出于对安全的考虑会选择退避三舍，可是偶尔我们也可以见到鸟儿们联合起来围着一只鹰的情况，我不知道到底是什么力量驱使它们采取这种行为。不过种种情景表明，鸟儿们非常在乎鹰，当鹰出现的时候，鸟儿要么选择躲避，要么选择包围。但是它们对于猫头鹰的态度就比较淡然了。不过要想知道鸟儿们为什么会出现这两种不同的表现，似乎有些难度。

12月份意味着正式进入了冬天。这时候我们就可以真切地感受到飘雪的美景了。下雪真的是一件非常美妙的事情，是不容错过的享受。大雪过后会有很多惊喜等着我们，比如说狗儿们会在大雪中嬉戏奔跑。我曾见过在第一场大雪中，一对温驯的山鹑表现出无比兴奋的样子，它们在雪中嬉戏玩耍，留下一串串快乐和享受的痕迹。

冬日里的清晨，经过一晚的飘雪，推门就会发现外面的世界全白了，这似乎比发现新大陆还要让人兴奋。面对这样的场景，我们一定要到树林中走一走，被雪覆盖的冷杉幼苗林尤其值得一看。它们是如此柔嫩、洁白，而且安静祥和。你甚至能从这片被雪覆盖的树林中找到一种神秘感，一种无法用言语形容的神秘感。这种感觉只能保持一到两天，也许就几个小时，因为骤起的大风会打破这种神秘。树枝上的雪花被吹落下来，大树又从那白的不寻常的造型变回了原形。

这时候，人们会希望风吹得更大一些，这样空旷原野上的大雪就会被吹成垛垛雪堆，那起伏的波浪线条也会令人们觉得赏心悦目。而雪堆会阻塞公路和铁路，如此一来，人们就有充分的理由不出门了。这就是下大雪时的美妙所在，这个时候假如能在乡村邂逅一场大雪，将是一件多么幸运的事情。

雪天里除了那股子特有的神秘感之外，还有其他令人兴奋的事情，比如，你在花园里可以看到一些动物留下的脚印。如果仔细打量这些脚印，其意外程度不亚于鲁滨逊看到沙滩上的大脚印时的感受。这些脚印都是那些可恶的野兔留下的，这个绝对不会错。尽管偌大的花园已经被完全封锁起来了，但是仍然不能阻止野兔进入。总是会有一只野兔留下来，我们姑且认为这是最后一只野兔吧。但我这种想法很快就破灭了，因为越来越多的野兔相继跑进了花园。第一场大雪往往能够给我们这样的信息，无论守园人如何自信，觉得自己的花园可以逃过野兔的骚扰和侵袭，但是他们仍然抱着一颗惴惴不安的心去一遍又一遍地检查花园。

我们也可以将兴趣转移到树林以外的地方。跟其他时间相比，冬天是一年里最容易发现动物痕迹的季节，尽管我们并没有亲眼见到这些动物。如果雪地里出现了一些大而无规律的脚印，那说明有一只狗在这里玩耍过。反之，如果脚印是非常规律的，则说明有狐狸出没过，我们甚至可以感受到它行动时的轻松自在。偷偷潜行的猫儿也会在雪地中留下花朵般的爪痕。兔子留下的痕迹非常惊人，以至于人们开始担心起那些弱小的树苗了。

如果这种严寒的天气一直持续下去，那么它们就会……不过，哪怕只有几只兔子，依然可以搞出一大片痕迹来，让人错以为有很多只兔子。野兔留下的痕迹和家兔留下的痕迹几乎一样，只是野兔的足迹显得略大，略为粗糙。松鼠的足迹精巧而整洁，它们走的每一步都会留下两对足印，后面的足印并排挨着，前排的足印彼此平行，中间有些间距。老鼠，有可能是短尾鼩和黄鼠狼，它们的足迹也会出现在雪地里。

来说一说鸟儿吧，除了一些跳来跳去的小鸟之外，雪地中还可以见到斑尾林鸽和丘鹬快乐飞过的足迹，后者的足迹细密且清晰，仿佛是这只鸟儿故意这么做的，将一只脚踏进前一只脚留下来的足印里。在小溪附近，人们也会发现一些足迹，这些足迹表明，一些体积较大的鸟儿曾从这里走过，有可能是泽鸡。

在乡下的时候，人们可以在树林和田地里追踪这些足迹，然后如同考古学家研究古代器皿上的象形文字一样去细细品味。如果霜冻和大雪依然持续的话，那么人们会在水井旁边或者有雪掩盖的区域里，听见黑鸫为了寻找食物而发出饥饿的求援声。我总是将自己花园门口的一块儿空地打扫出来，并投放一些食物残渣来喂养那些饥肠辘辘的鸟儿。鸟儿们都聚集到这里，取食争吵，其中最常见的就是黑鸫。饱受饥饿之苦的鸟儿们看到了食物，就顾不得谦让对方了。大自然施展法则的一种方法就是严冬，物竞天择，适应环境的鸟儿就能生存下来。

喂鸟者经常会遇到一个相当困惑的问题，那就是椋鸟在面对食物时为什么会表现得那么慷慨大方。椋鸟大批飞来，却不会像黑鸫那样把太多时间浪费在争吵上。它们的生活习性之一就是群体取食。它们降落在有食物的地方，这时候，如果其他的鸟儿想要再进入到这个密集的鸟群中，那几乎是不可能的。鸟儿们都在积极取食，短短几分钟内食物就会被吃干净。这种情况下如果有秃鼻乌鸦的话，情况会变得糟糕起来。它是一种花园中的鸟儿，并非是我们打算喂养的野外的鸟儿，虽然我们对椋鸟和秃鼻乌鸦非常友善，但是我们并不希望看到这些"不速之客"的到来，它们会致使我们喂养的鸟儿挨饿。然而，似乎我们对于这种尖锐且令人难堪的问题也无能为力。这就需要我们每个人都想办法，考虑如何解决这个问题。

在英国一些海拔较低的地方有时会出人意料地下鹅毛大雪。但也正是因为这种特殊性，所以才会让我们留下一些挥之不去的深刻记忆，并且一直伴随着我们。那些严寒的冬天会让我们记忆深刻，而那些稍微温和的冬天，我们却会很容易忘记。当我们回忆过去时，就会想起那些特殊的冬天，仿佛它们就是冬天的标准，而且，我们觉得冬天的天气现在已经完全变了。

我们会说："记得小时候，每次下雪都会把路封住，我们需要在雪中清扫出一条道路，才可以让车子穿梭其中。"小时候我的家乡就出现过这样的情形，但是后来回忆了一下，三十年内好像也就那么两次。早些年曾经出现过一次，但是只根据这一次我们得不出任何规律性的结论。那一年的冰雪从 1895 年 1 月份一直持续到 3 月份，甚至可以称得上是百年内最严重的一次冰雪。在英国，这样的霜雪天气在一个世纪里会发生一次或两次。但是，它却被人们牢牢记住了，并作为冬季变暖的证据讲述给下一代的年轻人听。我不确定近几年的冬天是否真的变暖了，可是每当听别人说冬天不如以前那么寒冷时，我就会反驳他们："不可能的，或许冬天根本就没有寒冷过。"

还有一种被普遍认同的说法，那就是如今的冬天要比以前寒冷一些，对此，我也表示怀疑。3 月份被人们划入到了春季，因为在这个月，人们希望天气变得暖和起来。统计数据并没有如人们所愿。正常情况下，3 月份初期甚至比 12 月份初期还要寒冷一些。12 月 15 日，这一天的平均气温是 4.89℃，12 月 30 日，这一天的平均气温是 4.9℃。据说，这些数字是在 60 年观测数据的基础上，通过分析得出的。这些数据一旦出来，人们也就不会再为 3 月份寒冷而 12 月份温暖这一现象感到奇怪了。

但是，春天突然变冷对鸟儿们造成的伤害，要比冬天的酷寒更严重。1917 年，从 1 月份持续到 4 月份的暴风雪对鸟儿们造成了非常大的伤害，这种伤害远超过了我记忆中任何恶劣天气所造成的伤害。专家们对某些地区进行观察和估计，认为那一年大概有 70% 的鸫死亡，并且在往后的几年里，长尾山雀的数量也急剧减少。但是大多数情况下，我们这里的冬天还是比较暖和的，来这里的鸟儿，或者是跟我们待在一起的鸟儿，都不会受到太严重的打击，它们会顺利度过这一年的冬天。

第八章 求偶、交配和家庭生活

自然规律是一夫一妻制适用于英国境内的鸟儿，当然也有极少数例外，少到我仅仅能想到四种例外的鸟儿，分别是杜鹃、流苏鹬、黑鸟以及松鸡。这四种鸟儿中，杜鹃和流苏鹬实行一妻多夫制，而其他两种鸟儿则实行一夫多妻制。其中流苏鹬和松鸡被公认为是英国本土的鸟儿，虽然英国早已不是流苏鹬的生育繁殖地，而且松鸡也是在灭绝之后又被重新引进到英国的。雉被认为是这里的家禽真正的祖先，虽然它并不是英国土生土长的鸟儿。在这个章节中并不需要为这类鸟儿浪费太多的文字，它们形成如此低劣的生活习性，并不是英国造成的，英国自然也不需要为此负责。

有一些大型鸟儿是成双成对出现的，最常见的就是野天鹅和天鹅。虽然野外的观察无法证实这个结论，尤其对那些迁徙的鸟儿来说就更难了，但是这个结论还是被我接受和承认了。虽然如此，而那些沉默的天鹅们就是这个待定结论最有力的证人。这些大型的鸟儿并不是在英国土生土长的，而是在几个世纪以前被引进到英国后，才开始在这里繁衍生息的。

没过多久，我们就在这个自然环境堪称完美的国度中看到了这类鸟儿的身影，并且它们总是以成双成对的方式出现。人们也许会在苏格兰的高山野地或者一些岛屿上看到它们的身影，人们也有可能在野外看到它们，这些地方成为了它们的栖息地，它们依然保持着一如既往的温顺，就如同它们在花园或者公园的湖面上一般，这为我们对它们进行观察提供了有利条件。在我的想象中，或许一对天鹅在交配后就永远不会分开了。

然而，这种温驯的鸟儿的生活习性并不能代表那些生存在野外的鸟儿的生活习性，它们仅仅是为我们提供了一种推定的证据。既然提到这个情况，有必要提及一对切罗赤颈鸭。这一对切罗赤颈鸭和其他一些不能飞走的鸟儿一起生活在佛劳顿的池塘边，并且以人类喂养的食物维持生活，但是它们的生活区域并不仅仅在这块儿狭小的地域里。

邻居们的友善和照顾使它们免于被人类射杀。如今，它们已经在这里居住了长达15年的时间。当然，有时候它们也会离开这里若干个星期。不过在一年中的固定季节里，它们依然会回到池塘边的这个家中，并且在这段时间里，它们通常都会紧密相依。大多数情况都是如此，它们之间的距离很少大于2米。

显而易见，它们一整年都生活在一起。它们在一定范围内选择交配对象，这种局限性源于它们是来自国外的物种，但是我几乎每年都会喂养一些这种类型的鸟儿，并让部分鸟儿自主留在这里。因此，说它们没有可选择的交配对象是不现实的。

一般说来，像天鹅、鹅、翘鼻麻鸭以及某些雄鸟和雌鸟的羽毛色彩常年相似的水禽类，在野外成双成对生活的可能性很大。对它们而言，在哺育幼鸟时期，雄鸟是不会离开雌鸟的。一旦这个事实成立，交配无法持久的原因也就无法解释了。这样说来，能永久交配在一起的鸟儿也只有山鹑和长尾山雀，它们会有一段较为稳定的家庭生活时期。但是，大部分小型鸟儿在夏季的换毛期就分开了，而且它们会彻头彻尾地破裂，苍头燕雀就是这种类型鸟儿的典型代表。

由观察得知，雄性的鸣禽会在春季时提前到达，此时雌鸟还未到达。如果这一现象是真实的，我们便可以肯定，那些去年还在一起筑巢的鸟儿在一段时间内是分开的。而且每一对鸟儿，无论是雌鸟还是雄鸟，总有某种力量吸引它们回到先前的同一个筑巢地区。这也就解释了为什么我们总能在同一个地方见到同一对鸟儿反复地交配生活在一起，同时给予我们非常美妙的幻想。我们想象着一只雌性的黑顶林莺在经过几个月的分别之后，再次跋山涉水地从非洲回到了英格兰那熟悉的家中，并且在这个"家"里，早已有一个熟悉的伴侣在等待着它。然而，我之前的观察提醒我，这只是我的一个美好的想法而已。

这些鸟儿为了生存而进行交配，而后又终生厮守在一起，它们的伴侣为其提供了极大的满足感。而那些只是为了繁殖后代的鸟儿，它们仅仅在筑巢期生活在一起。相较而言，那种幸福感和生活乐趣是它们无法体会的。这些是动物们与生俱来的品性，也是保持物种繁衍的自然规律。这种幸福快乐在所有鸟儿的身上都会有所体现，只是在一部分鸟儿身上表现得不是很明显，而在其他鸟儿身上却非常明显。一旦这些常年成对生活在一起的鸟儿在某一时期分开，它们就会变得很抑郁。

留意到这种情况后，人们开始对这些鸟儿进行观察，并发现，这些配对的鸟儿即使在秋天和冬天的时候，依然能够从对方身上获取极高的幸福和满足感。对温顺水禽有所了解的人们肯定知道，如果强行分开一对正在交配中的水禽，留下来的那一方将不会接受人们所提供的任何一只新的交配对象。赤嘴潜鸭就是关于这方面的极端例子，相关的介绍也被写入了《佛劳顿文集》中。在此，我们还可以列举出其他相关的例子，但是考虑到引述这些内容会涉及一些叙述方面的细节问题，为了避免让整个叙述显得冗长乏味，还是就此省略吧。

总之，鸟儿们身上的许多东西，已经超越了它们在筑巢时期雄性和雌性之间配对的冲动。有一种特殊的吸引力存在于每一只异性鸟儿之间。每一只鸟儿受到异性的吸引而产生的冲动，直接决定了它们的选择，然而并不是所有的结合都是源于这份冲动。

　　对于大部分鸟儿来说，或许是所有的鸟儿，雄鸟在求偶时都要依靠某些值得"炫耀"的资本。然而某些鸟儿无法依靠更换羽毛来炫耀求偶，因此它们唯有借助非同寻常的运动方式和姿态。埃利奥特·霍华德编写的《英国鸣禽》一书作了很多关于炫耀习性的有趣介绍。然而，大部分雄鸟在求偶时期都会有较为特殊的羽毛，这种明显的特征仿佛就是为了炫耀而存在。在一些国外的鸟类身上，这一现象似乎表现得更为明显。在英国，孔雀就是一个典型的例子。要想获取更多关于英国水禽在求偶时姿态方面的知识，翻阅 J.G. 米莱所著的关于英国鸭子潜水和漂浮取食的章节便可。对于那些书中没有提及的其他例子，我就不再多浪费笔墨了，在此，我想要对我所观察到的鸟儿的生活发表一下看法及评论。

　　我们假设雄鸟的目的是吸引雌鸟，当然这种假设并不是毫无根据。人们不难看到一些场景：几只雄性的野鸭正在向几只或者一只雌性野鸭炫耀它们的资本。这种表演一般情况下都会持续一段时间。虽然雄性野鸭之间存在着竞争，但是它们并不会因此而发生"战争"。在这个竞争过程中，雄野鸭们会有倦怠的时候，但是雌野鸭会通过一些声音和姿势来"激励"它们继续奋战。显然，雌野鸭很享受雄野鸭们的表演。

　　但是也有例外，雄孔雀开屏求偶的行为在参观者看来显得惊世骇俗，但是真正参与其中的雌孔雀却不为所动，显得十分平静。当然这并不是绝对的，在某些求偶时期，这种情况是刚好相反的，尤其是在一夫一妻制的鸟儿身上，更像是雌鸟在"炫耀"以吸引雄鸟。这种情况我也见到过：一只暗灰色的雌性林鸭停靠在一块高出水面几英寸的石块上，而一只雄性的林鸭则漂浮在水面上注视着它。雄林鸭的喙一张一合，看起来已经完全被这只美丽的雌林鸭所吸引了，而雌林鸭显然也欣然接受了这位异性。相反，我从未见过雄林鸭停靠在石头上，而雌林鸭在水面上注视的情况。

随着求偶期的推进，一些鸟类的雌性（当然这仅限于我所能观察到的鸟儿的种类）开始成为它们生活的统领者，它决定着一天中所有活动的进程，而聪明的雄鸟会无条件地追随，不会作出任何干扰的行动。早春时节是它们寻找筑巢位置的徘徊期，雌鸟具有对筑巢地点的决定权，雄鸟儿只能将其作为一项重要工作来完成，它的任务是追随雌鸟直到完成这项工作为止。根据这一系列的表现来看，如果因雄鸟的美丽羽毛和炫耀行为而将其看作是具有功利主义的动物，我认为这是不合适的。因为在有些鸟儿中，虽然它们的雄性有美丽的羽毛，但是跟其他都是暗色格调的雌性鸟儿相比，它们并没有更加兴旺昌盛的迹象。

每一种鸟儿都会有特有的炫耀方式，这些方式或含蓄或古怪或荒谬，甚至是惊人的。即便如此，我们也不能就此下结论，认为每种炫耀行为都带有明显的功利主义色彩。雄性雉会在啼叫后用力拍动自己的翅膀，而鸡舍前的雄鸡却在鸣叫前才会做这样的动作。我们认为这种在习性上的细微差别不足以直接影响其物种的繁衍和壮大，当然，我们也不排除一些细微差别真的会造成这种影响。不过，我认为它们求偶的习性和羽毛上的截然不同，或许存在些许目的性，但不能将其看作是功利主义的表现，因为这种理论容易将人们带入误区，将真相掩盖掉。我宁愿相信，这是自然界变幻莫测的美丽图案的体现。

我们后面再说鸟儿筑巢和产卵的内容，这里我们先来讨论一下在幼鸟离开巢后，鸟儿们的家庭生活是什么样子的。

秃鼻乌鸦的生活开始"社会化"，但我却无法很好地去观察它们的群体生活，因此我也无法提供有价值的信息。尽管如此，那些曾经密切关注过秃鼻乌鸦生活的人，手中拥有的素材足以写成一本这方面的书了。一夫一妻制是秃鼻乌鸦的生活方式，通过观察它们筑巢时期的生活便可得出这个结论。在幼鸟会飞之后，我们还是很好奇，究竟是什么驱使它们的家庭生活从"社会"这个大群体中分离出去，以及它们的交配目的是否是为了更好地生活。但是有一点是值得肯定的，它们"社会化"的生活习俗是亘古不变的。

在组织家庭生活的程度上，不同的鸟儿之间存在差异，以山鹑和长尾山雀为例。在春天来临之前，它们的幼鸟会一直跟它们待在一起。对于它们来说，春天是"分家"的好时机。在这之前，除非有什么特殊原因，否则它们是不会分离的。

山鹑们会在遭受枪击的时候分散逃开，这也会让一些原本并不是"一家人"的山鹑组合成新的家庭。但是，我并不否认每一个家庭都在极力维护它们家庭的完整性。少数长尾山雀的家庭会合并在一起，因此人们有时候会在冬天看到大概 20 只或者 30 只左右的鸟儿集结在一起，这个集结的数字通常会维持在 12 只左右。这么多的山雀组合成了一个"大家庭"。长尾山雀在栖息的时候是一个挨着一个的，它们排成一排站在树枝上。白天的时候，它们穿梭于树林之间，忽上忽下地飞翔着。虽然在飞翔时它们是独立的个体，可是它们呼叫的声调是相似的。事实上，它们会发出两种截然不同的声调，毫无疑问，这一习性是为了保持其家庭的完整性。

相较于其他类型的鸟儿，戴菊鸟的家庭生活更为明显。秋天的时候，人们往往只会看到 6 只左右的戴菊鸟聚集在一起。我认为这些鸟儿已经组成了一个独立的家庭，而且这些家庭彼此之间还可以继续联合。人们所谓的"迷人"的戴菊鸟，实际上就是在称呼这些可爱的小集体。

我们常见的一些鸟儿，实际上没有多少与家庭成员共度的"家庭时间"，幼鸟在学会独立捕食之后，要么自己飞走，要么受到亲鸟的驱逐。在众多的例子中，鸲就是其中一个。鸲对子女的态度会由亲代父母很快转变为敌视，这种敌视在其他鸟儿中不会表现得如此明显，其他鸟儿或许只是漠视的态度。但无论态度多么悬殊，最终结果都是家庭的解体。

值得一提的是，我曾经在泽鸡的身上发现过这样的生活习性。虽然大家对这种生活习性已经非常熟悉了，但是，我却唯独在泽鸡的身上有所发现，而在其他种类的鸟儿身上从未发现，因此，对于这一点，我要向大家详细介绍一下。

每年，我们花园的池塘里都会有一对泽鸡筑巢。在一年当中，它们选择在5月的时候筑巢，并且在5月中旬孵化出雏鸟。一般情况下，它们用叼来的面包渣喂养自己的后代，此时，它们和其他鸟儿还没什么不同。但是到了7月中旬的时候，第二窝雏鸟又被孵育出来了。5月份的幼鸟依旧会跟它们待在一起，并且会帮助它们喂养7月份孵育出来的雏鸟。那些5月份出生的幼鸟中，能存活下来的只有三只，这个时候它们的羽翼已经丰满，足够独立生活了。

不过，人们还是很容易将它们与其父母区分开来。亲代的父母将叼来的面包渣放到5月的幼鸟的嘴里，再由它们将食物喂到7月的雏鸟嘴里，这个过程会反反复复进行。这种场景成为我们几天以来观察到的最有趣的事情。当然也会出现一些意外打破既定的程序。之前也曾发生过亲代的父母将食物喂到5月幼鸟嘴里，而这只5月的幼鸟竟然将面包喂给了另外一只5月的幼鸟，然后再由它喂给一只7月的雏鸟。这个过程让7月的雏鸟等待了两次传递才吃到食物。

对它们而言，直接从父母的嘴里获取到第一手的食物，是不符规矩的。也有一次发生过这样的情况，一只亲鸟直接将食物喂给7月的雏鸟，但是遭到了其他5月幼鸟的反对，并且将食物从这只雏鸟嘴里抢夺走了，最后还占据了它的位置。当我的其他友人听到这个故事的时候，他们的评价是"纯粹的官僚作风"。

上述故事就发生在我的花园里，我深知这个故事的每一个细节。即使到了第二年，那些早孵出的幼鸟还是会继续忙于衔起扔给它的食物，然后再喂给第二批孵出的幼鸟。在这个例子中，一切过程都是在水上完成的，它们自愿生活在这个池塘里，池塘为泽鸡提供了一个完全自由的生活环境。

有这样一个说法，那些没有交配产子或者痛失子女的成年鸟儿，也会去喂养一些并非是它们后代的幼鸟。但是我观察的结果令人颇感意外，泽鸡在幼鸟时期竟然就承担起了家庭的责任。

约翰·斯图亚特·米尔在很早的时候就开始教导自己的弟弟妹妹们，但是，这并非出于他的自愿，因为他曾经亲口对我说，他并不怎么愿意做这件事情。然而，泽鸡的这种行为却完全出于自愿，而且它们非常乐意这么做。

泽鸡的生育繁殖期非常长。从 8 月 22 日到 29 日，在这一周时间内，那日对泽鸡在这个池塘里孵出了一窝新的泽鸡雏鸟，并且当其生育繁殖期结束之后，和其他种类的鸟儿一样，它们开始对幼鸟变得苛刻起来。

还有一点，泽鸡让人们觉得诧异，它们会经常跑到花园里活动。在那个地方它们经常会碰到人类，可是即便如此，它们也没有因此变得更有信心面对人类。当它们在草坪上取食的时候，守园人的出现会让它们如临大敌，频频尖叫，并且快速找一个较为安全的地方躲起来。然而，在面对其他较为"害羞"的鸟儿时，情况就又不一样了，它们会变得异常自信，完全不怕见人。

池塘水面的突然晃动也会让泽鸡受惊，它们要么潜入水中，要么躲到有菖茅或其他覆盖物的地方，除了喙的尖端露在水面上用以呼吸，身子的其他部分都会沉入水中。泽鸡似乎非常不喜欢降落在硬地上，它们通常会先落在水面上，然后再慢慢走出来，即便那是一个非常狭窄的水域。在短距离飞行的过程中，泽鸡的腿是悬挂着的。如果你看到它们的腿是缩起来的，那么意味着它们会飞上好一阵子以达到一定的高度。泽鸡并不仅仅生活在陆地和水中，茂密的灌木丛也是它们的栖息地之一，比如说月桂树的树丛。

接下来要讲的，是我所遇见的有关山鹬的亲代照顾子代的故事：

通往汉普郡乡村的公路上停落着一群山鹬，一对成年山鹬带着它们的幼鸟在这里玩耍。当我的自行车靠近时，它们躲到了茂密的荆棘丛后面。于是我停了下来，绕过一个灌木丛，巡视了一整圈后，终于找到一个有利于近距离观察它们巢的位置。我的靠近并没有引起它们的关注，或许是因为这条路上总是人来人往的。我悄悄靠近它们，我的出现出乎了它们的意料，并让它们受到了惊吓，它们立刻窜进了另一个茂盛的荆棘丛中，只留下了两只不会飞的雏鸟。这两只稚嫩的雏鸟羽翼未丰，只能蹲卧在它们窝里的干草上面，它们几乎就在我的脚边。

我站在那里等待着，看看接下来会发生什么事情。这时，荆棘丛中传出了一些轻微的走动声，并伴有一些其他微弱的声音，听起来好像是山鹬父母在商议着什么事，我脚边的两只小鸟依然没有任何行动。几分钟之后，从荆棘丛中传来了一阵巨大的躁动声，一只成鸟飞了出来，落在了离我三四米远的地方，它开始伪装出一副慌乱地想要逃跑却又不能飞走的样子，试图引诱我去抓它，这是它们惯用的伎俩。

而在此之前，我的注意力一直放在我腿边的两只小鸟身上，我的眼睛没有离开过它们，但是，这只成鸟从荆棘丛中飞出而带来的一阵躁动，让我不得不把注意力转移。而就在我的注意力转移的那一瞬间，我发现我腿边的两只幼鸟不见了，它们竟然在我的眼皮子底下逃走了。除了那只成鸟竭力引诱我离开的声音之外，荆棘丛里悄然无声，那窝山鹬也没有发出任何声音，它们消失了。我的离去证明它们的伎俩又一次得逞了。

对于事情的整个过程，我们可以根据自己的意愿来解释。其中的一种解释是：幼鸟的父母觉得将它们独自留在外面必然会很危险，于是荆棘丛中的那些声音，实际上可以解释为成鸟在对幼鸟发出不要乱动的指令。成鸟吸引我注意力的行为，其实也是它们计划的一部分，目的在于要引开我的注意。与此同时，我腿边的幼鸟也收到了来自荆棘丛中的指令，要求它们伺机跑到荆棘丛中。当幼鸟回到了其他鸟儿身边后，荆棘丛马上安静了下来。这一系列解释并不是毫无依据的，但凡观察过鸟巢或者地面上的幼鸟的人，对幼鸟服从其父母警告的事情都会有一定了解，幼鸟在未收到父母进一步的指令要求前，会保持原地不动。

第二种解释比较一般，那就是：成鸟并没有意识到外面还留下两只幼鸟，而两只幼鸟之所以蹲在那里一动不动，完全是出于自我保护的考虑，它们之所以会突然跑回到荆棘丛中，是由于成鸟飞出时的震动使它们受到了惊吓。成鸟上演的一系列戏，并不是考虑到外面两只幼鸟的安全，而是为了缓解窝里其他鸟儿对人类的突然出现所产生的恐惧，这是它们惯用的办法。为了能够使这只成鸟将我的注意力全部吸引过去，荆棘丛中的其他鸟儿必须要保持安静。但是，无论给予何种解释，事实仍然是我留意的那两只幼鸟最终从我的眼皮底下消失了。

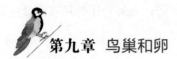

第九章 鸟巢和卵

鸟的卵脆弱且娇贵，因此为了防止意外事故的发生，对它们进行保护是非常有必要的。而且，卵经常会引来一些想要将其猎取的天敌，为此，它们需要被很好地隐藏起来。卵上的白色由其蛋壳的组成物质决定，一般情况确实如此。然而，还有一些特殊的情况导致卵的颜色呈现出丰富多彩的变化。通过合理推论，我们认为这是鸟儿为了更好地隐藏自己的卵而采取的方法。事实上，我们也在一些昆虫的身上发现了保护色的存在，这就更加坚定了人们的这种推论。

那么，这种推论到底是否适用于鸟卵的颜色变化呢？由观察得知，有些鸟儿将卵产于洞内，如此一来，它们的卵就不会暴露在外了，也就不需要用蛋壳的颜色来进行保护了。啄木鸟将卵产于树洞里面，而且它本身就是白色的。此外，欧鸽也把卵产在树洞里或者春藤里面，我们无法透过茂密的枝叶观察到巢穴里面的情况，它们卵的颜色也是白色的。

如此一来，我们就不难推断，有色彩的卵是为了自我保护。这个推论一旦成立，又会有一些新的难题出现。例如斑尾林鸽的巢，它们的巢随处可见，并且呈开放式，暴露在外面。此时，我们自然而然地认为它的卵应该是有保护色彩的，可事实上斑尾林鸽的卵却是绝对的白色。而且，我们还看到了这样一个事实，虽然它们的卵是白色的，但是这一点并没有使它们濒临灭绝。在斑尾林鸽这个物种的繁衍过程中，保护色并没有起多大作用。于是，斑尾林鸽卵的颜色给"鸟卵的颜色是保护色"这个理论画上了问号，当然，还有更多的疑问需要解决。

比起斑尾林鸽，秃鼻乌鸦的卵更不需要保护色。它们的巢和卵同样暴露在外面，但是它们会给卵支起保护的帐篷，这是它们社会化的生活习性，这使它们能够有效抵御乌鸦、寒鸦和其他食蛋鸟儿的侵袭，它们的这种防御能力远胜于那些无防卫意识的斑尾林鸽。即便如此，大自然还是偏心地为具有防御能力的秃鼻乌鸦的卵披上了绿色的保护衣，却让斑尾林鸽的卵保持着白色，而事实上，后者更需要这种保护色。以上的种种推论也可以说明，"鸟卵的颜色是保护色"这一理论用于实践的不可靠性。

同时，还有其他难以解释的问题有待解决。为什么红尾鸲和林岩鹨的卵是蓝颜色的，而这两种鸟儿产卵的地点则分别是封闭的洞穴中和开放的巢里呢？还有，林岩鹨卵的蓝色（其卵的蓝色与红尾鸲卵的蓝色相比更加纯，更加亮）是否能在开放的黑色巢中起到保护作用呢？

同时，某些在地面上筑巢的鸟儿，它们的卵也有颜色，毫无疑问，这是用来自我保护的，这一点对于那些在圆石堆里生育繁殖的鸟儿尤为重要。以我曾经见到过的石𬸘鹬的巢为例，这个巢中布满了鼹鼠丘，还有和它大小相似、造型迥异的白垩石块儿。换一个角度想，如果这些卵呈现的不是它们现在的颜色，而是白色的，那么这些卵会非常容易被人们发现，然后被取走。还有一个关于海鸠卵的例子。它们将卵产在光秃秃的岩石架上，而且一次会产下很多。这种产卵地点一目了然，每种食鸟鸥都清楚它们的卵在什么位置。这时候，仅仅靠颜色来保护卵是不可行的。于是，大自然煞费苦心地为这些卵画上了精美的颜色和标志图案。

还有一个更大的危险需要海鸠的卵去面对，它们很有可能从光秃秃的岩石架上滚下来，这种情况更容易发生在成鸟离开和返回的那一刻，因为卵之间会产生碰撞和挤压。通过自身造型的改变，海鸠的卵避免了这一危险的发生。海鸠的卵在两端大小上有较大的差异，较小的一端比较大的一端要小很多，这样使得它们在受到外界碰撞时，能够保持在一个点上打转，很难从岩石架上滚下去，除非是受到了某一方面的推力。总结以上所有的例子可以得到一个结论：对于大部分鸟儿而言，其卵的颜色不具备任何保护作用。或许，一开始它们的颜色还有一定的保护功能，但是随着进化过程的推进，这种保护功能开始逐渐弱化直到消失殆尽。或许有一小部分鸟儿会需要保护色，但肯定不是所有鸟儿都需要。

某些种类的鸟儿虽然会产下带有颜色的卵，但是除此之外卵上并没有任何标记。典型代表有天鹅、鹅和鸭。它们的卵的表面都是光滑的，但是颜色却又各不相同。

山雀的卵是白底，上面带有红色的斑点，而且跟它同一族系的鸟儿的卵都呈现出相同的颜色，仿佛它们经过了精心的规划。鹬的卵上布满了神秘的线条，这些线条看起来非常奇怪。红鹬的卵上有些像人为恶意弄上去的墨点，这太不可思议了，这些卵仿佛只出现在我们的梦中。诸如此类的卵非常多。这些卵的色彩和标记在昭示着鸟儿们善变的一面。

林岩鹨、椋鸟和红尾鸲的卵表面都很光滑，没有任何标记，它们的颜色也都非常美丽。但是，有些鸟儿却刚好相反，它们的卵具有变化多端的斑点和纹路。这些鸟儿必须为它们卵的美丽付出代价，因为鸟蛋的收藏者以收集这些美丽的鸟蛋为乐。他们认为每一个卵都代表着一个类型，所以会将这些卵一窝一窝端走。

树鹨就是其中一个受害者，因为即使在同一窝树鹨的蛋里，也不可能找出同一种花色的两个鸟蛋。

据说红背伯劳也曾经遭受过同样的不幸。不过这种鸟儿的卵与我之前看到的又有点儿不同。它的卵造型十分奇特，首末两端没有任何标记，但是在较大一端的附近有一条带子，还有许多绿色的斑点，这条带子和斑点将鸟蛋环绕了一圈。

那些我们常见的鸟儿，它们的孵卵期基本上维持在 15 天左右，或者更短一点儿，而且它们需要用差不多同样长的时间去照料幼鸟，直到幼鸟离开巢。幼鸟被孵化出来的时候全身都没有羽毛，因此需要成鸟的保护。一般情况下，成鸟在此期间都不会离开自己的巢。它们会等到幼鸟长大，学会飞翔之后才离开。通常，幼鸟需要被孵化和照料的时间和鸟儿的体型大小成正比。

有些鸟儿的生殖繁育安排和其他鸟儿的完全不同。它们需要用很长时间孵育幼鸟，刚孵育出来的幼鸟身上就已经覆盖了一定量的绒羽，甚至有些幼鸟在刚孵育出来就可以站立和奔跑。比如水禽，水禽的幼鸟在被孵育出来之后，能很快就会离开巢，加入到成鸟的队伍，并已经掌握了游泳、潜水以及觅食等技能。我在观察潜鸭的幼雏或者鸭的幼雏们成群结队潜水觅食的过程中获得了很多乐趣。但是泽鸡又有所不同，虽然它们的幼雏在被孵育出来之后，便可以和潜鸭幼雏一样游泳、潜水，但是它们却没有任何捕食的能力。这样一来，它们在很长一段时间里都要靠成鸟喂养。

山鹬的幼雏被孵育出来之后，也具有奔跑和觅食的能力，而且，此时的它们已经具备了飞行的能力，在这一点上，它们与幼鸭有所不同。幼鸭要长到和成鸭差不多大小的时候才会飞行。山鹬在幼鸟时期就已经长出了羽毛，并且能够进行短距离飞行。自然界是公平的，幼鸭躲避地面上敌害侵袭的方式是潜水，但是山鹬的幼鸟却没有这种能力，因此，它们很早就能飞行了，这或许是为了弥补某些缺憾吧。

那些刚孵化出来就能够离开巢独自活动的幼鸟，它们的巢通常筑在地面上，但是，并不是所有的鸟儿都是如此（有一些在陆地上筑巢的鸟儿，它们的幼鸟在孵化出来时并不能离开巢）。绿头鸭就是其中的一个代表，这种我们常见的野鸭，有时候也会将巢筑在地面上，我曾经在一个距离地面7英尺高的栎树树枝上见过它们的巢，被厚厚的常青藤覆盖着。习惯在树干的树洞里筑巢的鸟儿还有鸳鸯和林鸭。《佛劳顿文集》里就曾经举过这样的例子：一只刚出生的林鸭在没有任何帮助的情况下，从21英尺高的地方安全飞落了下来。

幼鸭从卵中孵出之后，往往具有一股惊人的力量。我依稀记得，一只雌鸳鸯带领着一窝小鸳鸯穿越了350米的草地。并且我记得早上的时候，它们还只是一窝安详地卧在那里的小鸳鸯，可是到下午的时候已经有9只小鸳鸯来到了水边，而且它们还都一副精力旺盛的样子。

泽鸡的幼鸟也具有惊人的精力。我曾经从泽鸡的巢中，将一只刚从卵中破壳而出的泽鸡拿走。当时，我蹲下来看着这些卵，它们还都完好无缺，至少从表面上看是这样的。就在这时候，我听到一声嘹亮的泽鸡幼鸟的尖叫声，一开始我并没有把这个叫声与我脚边的卵联想在一起，我以为这叫声是从附近某个泽鸡窝中传来的，可是我遍寻无果，声音却依然在持续，最终，我发现原来这个声音就来自我脚边的卵。通过仔细地检查，我才发现原来这些幼鸟正在破壳，并且，我看到了一只幼雏的喙。接下来我听到了更多类似的尖叫，这窝刚出生的幼雏仿佛已经可以下水了，并且也能够在空中生活。

鸟卵使人们充满了好奇和兴趣，但是鸟巢才是真正的奇妙和壮观之所在。如果不出我所料，人们肯定以为鸟儿是出于本能去选择筑巢地点，去筑巢，而不是出于鸟儿的智力。因为，每一种鸟儿都会依照其习性，开始它们的第一次筑巢，在这个过程中它们无法借鉴任何人的经验，也没有其他鸟儿的教导。

所以，人们认为鸟儿完成这些行为完全是依靠本能，但是实际的观察结果却让人非常惊讶。某些鸟儿，像海鸠，它们根本不会去筑巢；还有一些鸟儿，像夜鹰，它们会利用现成的凹坑作为自己的巢，这与那些在圆石堆营巢的鸟儿一样。但是，筑巢的鸟儿却有着无与伦比的筑巢本领，甚至可以用"令人钦佩"来形容，因为我们确实会佩服和赞扬它们的这项本领。鸟儿的巢之间也存在着非常大的差异，这就跟它们的羽毛似的，如同大自然展现给我们的无穷无尽的爱一般。

如果有人对鸟儿的巢进行密切观察和研究的话，其内容绝对可以写成一本书。我在这里所提及的内容仅仅是我所了解的以及某些能够吸引我的鸟巢的特点。

在我们所能观察到的鸟儿中，长尾山雀将它们的巢打造得最为精致，当然它们也为此付出了辛劳和心血。

我在其他书本（《佛劳顿文集》中的《享受自然》）中提到过这种鸟儿的巢穴的样子、筑巢的方式和过程的内容，同时也详细介绍了它们的较为特殊的巢，因此这里就不再重复了，我想大家或许对幼鸟是如何飞离鸟巢的更加感兴趣，我也很幸运地观察到了这一情况。在3月份的第一个星期天里，我发现了它们的巢，当时这个巢还处于建造的初级阶段。

3月19日的清晨，我又站在了它们的巢附近，碰巧我看到了成鸟叼着食物，正准备喂养它们的子女。它们的巢位于一棵椴树的上面，而在椴树的下面是一排野蔷薇的树篱。我顺着树篱的方向往上看，两只成鸟刚好沿着树篱的顶端往巢的方向飞去，它们在飞行过程中发出了一种鸣叫声。无论何时，亲鸟的这种叫声对于巢里的幼鸟都有一呼百应的作用，幼鸟们争相将头探到外面去，并由此引发了一场争斗。一只欲望强烈的幼鸟好像在这场争斗中获胜了，但是它又像是被后面的鸟儿给挤出来的。等这只幼鸟被挤出巢后，第二场争斗又开始了，但是很快争斗就平息。那些会飞的幼鸟沿着树篱的方向，追随着父母飞行的痕迹，很快，这一窝鸟儿都飞上了那棵椴树，获得了自由的生活。

根据观察得知，被喂养在巢中的幼鸟，或者那些生活在穴洞深处没有自由的鸟儿，它们长期被困在巢中，因此当它们能够离开巢时，会比那些在开放式巢中的鸟儿们更具活力和力量。

长尾山雀在筑巢地点的选择上也很与众不同，一般的鸟儿会把巢营建在距离我们大约几英尺的高度，如果我们向上仰望的话可以轻易发现它们的巢，而长尾山雀在巢址的选择上有两种截然不同的结果。它们有时候会将巢营建在灌木丛中，比如荆豆、刺柏及罗莎玫瑰等。它们的巢除了依靠这些灌木树枝的支撑外，别无他物，而且它们的巢一般只距离地面三四英尺。栎树或者山毛榉树那坚硬的树杈上，也是它们选择的营建巢的地点，这样便于用坚硬的树枝托住巢的每一侧。据我所知，这样的巢一般都是建在比较高的地方，如果不借助梯子的话，人们很难够得到它们。如此一来，它就具有很好的隐秘性，从远处看，它更像是一个大而厚实的树疙瘩。

寻找长尾山雀的巢的最佳时间是每年的 3 月份，因为我们很容易被长尾山雀独具特色的叫声所吸引，它们的叫声细小尖锐而又连贯短促。我们可以借助望远镜来观察它们的嘴里是否叼着筑巢的材料。这种标志性的东西是我们追踪鸟巢最好的向导。鸟儿营巢最繁忙的时间应该是中午之前的几个小时。

在这个时间段，人们会发现在附近营巢的鸟儿们正不辞辛苦地忙碌着，它们对此具有极大的耐心，并为之付出了很多心血。我的统计数据显示，从鸟儿占据巢的那一刻起，到它们的幼鸟离开巢的那一天，历时 11 个星期。当然这个时间也适用于林地中的小型鸟儿，但也有可能需要耗费两倍这么长的时间。那些比我幸运的人，他们知道将巢筑好的整个过程会花费成鸟多长时间，然而这是忽略了鸟巢内部羽毛数量的统计结果，一旦将这个因素考虑进去，又会形成不同的看法。我的一个朋友曾经将一个营建在花园里的鸟巢端了下来，然后数了一下鸟巢里的羽毛，竟然有 1660 根之多；另外，《英国鸟类》这本书中也提到过，在鸟巢里发现的羽毛有 1776 根。

在长尾山雀筑巢的早期阶段，我在汉普郡房子的附近见到过一只长尾山雀，它竟然落在一只火雄鸡的后背上，并且从它的后背拔走了一根羽毛，这让我非常惊讶。长尾山雀的巢的形状类似于一个口袋，而且开口很小，位于袋子的顶端，这样的形状肯定会使巢内非常闷热。但事实上，生长在里面的稚嫩的幼鸟并没有因此而窒息死亡，这一点让我们非常惊讶。

长尾山雀孵育幼鸟的多少是根据其家庭大小而定的，当然这也是在它们的巢完好无缺的前提下，因此它们必须要尽量避开那些虎视眈眈的敌人们。如此看来，11 周的时间对它们来说确实是一段不短的时间，那些敌人们具有非常大的野心，它们不仅仅要吃掉鸟卵或者幼鸟，甚至温暖舒适的巢也是它们的目标。

我曾在佛劳顿的一棵小紫杉树上见到过一个长尾山雀的巢，可是在圣灵节前后的那几天里，我再也没有见到这个巢，仿佛它从没有在那棵小紫杉树上存在过。后来我在附近的另一棵紫杉树上看到了松鼠。这些松鼠们霸占了长尾山雀的巢，并十分野蛮地将它转移到了这里。关于巢的事情，我们已经费了太多口舌，但是要想忽略长尾山雀的巢及其营巢行为似乎还是很难。

关于鸟巢及鸟儿营巢这件事，有很多奇特的事情可以讲。就拿苇莺的巢举个例子吧。苇莺的巢营建在芦苇的基秆上，它们的巢看起来像一个很深的杯子。每当大风吹动芦苇的时候，它们的巢也会随着芦苇摇摆，这时候它们巢的形状就发挥作用了，这种形状可以减少鸟卵滚出巢的危险。虽然这种说法给它们的巢涂上了一种人性化的色彩，但事实上，难道这种巢不是真的让人觉得很神奇吗？

鸟儿们筑巢的差异性会让我们产生很多疑问。比如，一些莺类的鸟儿会把大量的羽毛衬在它们的巢里，这样会使巢的内部非常暖和，但是，黑顶林莺和园林莺却是例外，它们的巢只是薄薄的一层，虽然不是很暖和，却让它们在里面住得非常舒适。它们的巢薄到可以让人们透过外壁看到里面的鸟蛋。

在户外过夜的人们都知道，身体上面和下面的保暖有多重要，但是黑顶林莺的巢并不会给它们的身体提供任何保温设施，这样的布局让人们不得不怀疑，它们筑巢首先考虑的是巢内的空气流通问题，而非保暖问题。在营巢材料方面，黑顶林莺是这方面的"小气鬼"，它们会利用极少量的材料筑成一个可以承受住鸟蛋重量的巢，这也不免让人称奇。黑顶林莺能用如此少的材料就建成一个完美的巢，其技术的高超，让我们不得不由衷佩服，与长尾山雀营建的那精致的巢相比，它们的效果基本一致。

柳莺、棕柳莺和林莺的巢都是圆顶的，而且都有一个较大的开口位于巢的一侧。在这三种鸟中，有两种鸟儿的巢营建在地面上（当然也有例外的时候，曾经有人看见一只柳莺将巢营建在房屋的棚架里，距离地面二英尺，这中间并没有任何类似树篱或者攀援植物连接），棕柳莺在密集的灌木丛中营建巢，距离地面有一英尺或两英尺。柳莺和棕柳莺喜欢用大量的羽毛衬在巢的内部，但是林莺却没有这种习惯。从这一点上来说，难道它们之间存在着我们尚不知晓的差异？又或者只是因为柳莺和棕柳莺在使用羽毛上更加奢侈。

鸟巢的样式多种多样，这也引发了我们一系列的思考。但是，我们还是说在这里提及一些我们认为有趣的内容吧。

苍头燕雀是有洁癖的，它们对于巢内部的卫生十分在意。事实也证明，苍头燕雀的巢比我们收集到的任何鸟儿的巢都要干净。这与我们在前面章节中提到的内容大同小异，虽然有些鸟儿的生活习性显得有些平凡，但是它们的巢却特点鲜明。而我的经验告诉我，苍头燕雀对于巢的清洁程度的要求远远强过其他任何一种鸟儿。我从未见过任何雄性的苍头燕雀参与到筑巢的工作中去，也未见过它们俯卧在鸟卵之上。

曾经有一次，我看到一只雌性苍头燕雀表现出来的行为极具智慧，这只鸟儿将它的巢营建在一个屋舍上的蔓生植物丛中，连续好几天，它都俯卧在三个鸟卵上。有一天清晨，我发现它的巢空了，我当时猜想可能是某种动物将它的卵掳走了。可是几天过后，我发现那只雌性苍头燕雀穿梭于屋舍和树篱之间，这20米的距离让它看起来非常忙碌，这也引起了我的注意。

原来，这只鸟儿正在把那个空空的巢一片片搬到树篱丛中去，它要在那里用旧材料营建一个新家。由于伦敦繁忙的工作，很遗憾，我到最后都没有弄清它到底花了多少时间才营建好自己的新家，也不知道在这中间它是否动用过其他筑巢材料。不过可以肯定的是，屋舍上那个巢的所有材料都被重复利用了。

在那个重新营建好的新家里，雌性苍头燕雀又重新俯卧在三个卵上。它第二次产的卵的数量和第一次的一样，这让我感到很奇怪，但是很不幸，它的卵又一次被掠夺走了，而这一次，它彻彻底底地抛弃了这个空荡荡的鸟巢。没有任何迹象显示这只雌性苍头燕雀的配偶也参与到了这个过程中。我们身边曾有三只雄性苍头燕雀，假设这只雌性苍头燕雀的配偶是其中一只，那事实也只是告诉我们，它只会在一旁不停地发出鸣叫声，丝毫不见减弱。

鸟儿营巢的地点可以是各种不同的地理类型。有些鸟儿会将巢营建在地下的洞里，有些鸟儿会将巢营建在树洞里，还有一些鸟儿会选择在地面上营巢。甚至在光秃秃的地面上、圆石碓上、岩石上、草丛里、灌木丛中、树上，都可以见到鸟儿的巢。当然也有一些特殊的鸟儿，比如说雨燕、家燕以及毛脚燕，它们会将巢营建在人类居住的房屋里或者屋顶上。

鸟儿选择的筑巢地点，无论是坚硬的地面，还是树枝上，它们的原则都是希望有物体支撑着它们巢的底部。当然还是有一些特例，第一个特例是芦苇上奇特的鸟巢，这在之前已经提到过。第二个特例是毛脚燕的巢，它们的巢是牢牢地附着在房屋一角的顶端或者一侧，在底部没有任何支撑。大家对于这种巢应该非常熟悉吧。第三种特例是戴菊鸟的巢，它们的巢悬挂在树枝的下面，而不是上面。这种鸟儿习惯将它们的巢营建在某些常绿的树木上，比如说银冷杉，银冷杉密密麻麻的针叶会将它们小杯状的巢覆盖起来。

我们在这里还要说一下翠鸟的巢，因为翠鸟的巢具有极好的保密性。伊特彻河的某一段河流被树丛完全淹没，河岸的一边有许多紫衫、栗树和其他大型的树木，另一边则是柳树，河道则被两岸茂密的树木枝叶所形成的"篷罩"完全隐藏起来，这就是所谓的"隐秘的小溪"。一棵被大风吹倒的柳树斜躺在水草地上，河岸的一大块岸堤被柳树掘了起来，但又被大树的根部给束住了。柳树本身非常高，倒下去之后就更显得高了，甚至它某些伸展的树枝都能伸到对岸了。这棵倒下的柳树丝毫没有影响河流的隐秘性。

翠鸟从这块突起的岸堤内部开辟出一条通道。每年总会有一对翠鸟在这里筑巢，这条开辟出来的通道为它们的进出提供了便利，你可以看到它们在这条绿色通道里飞进飞出，进入到它们隐秘的巢中。时间慢慢转移，这块被掘起的岸堤上的泥土逐渐被冲刷走，两根粗大的树根也已经曝露在外面，这两根树枝之间有一个小开口，这让人们有机会看到鸟巢里面的鸟蛋。我很幸运，用一根小树根从里面勾出来了一个鸟蛋，人们通常是无法获取到翠鸟的鸟蛋的，除非掘开翠鸟的鸟巢。

就像大家所说的，翠鸟的鸟蛋是白色的，但是除此之外，我还发现这些鸟蛋的表面有一种精美的色调，这种色调有可能是里面的蛋黄透过白色的蛋壳展现出来的颜色，因为它的蛋壳有着非同寻常的透明度。对于鸟巢中是否有难闻的气味，我已经不记得了，但是鸟儿极有可能是用一种类似于泥浆的东西作为筑巢的原材料，这种东西闻起来有点儿难闻，我希望这不是鸟巢本身的东西。

自从发现这个鸟巢以后，研究翠鸟是否每年都会在此筑巢的问题，已经成为我接下来几年要研究的课题。自然环境的变化让地面掘起的泥土逐渐流逝，如今那里只剩下一个树根形成的"骨架"了。那些从未在这里见过翠鸟身影的人根本就想象不到，这里原来居住过一对翠鸟。

鸟儿有可能将它们的巢营建在地面下，也有可能营建在地面上、房屋里或者房顶上……而且人们也理解它们为什么会选择在这些地方筑巢。相传鸊鷉会将巢营建在水上，这种小鸊鷉的巢看起来就像是一团浸湿了的黑色水草。人们在白垩河的河流里经常可以看到这种鸟巢，甚至可以看到鸟儿静卧在巢内的情景。这种鸟儿的视力非常好，一旦它们发现有什么可疑物体接近，就会以极快的速度掩盖好自己的鸟蛋，然后逃离。

如此一来，它们的巢就发挥了作用，因为它看上去就像一丛没有任何疑点的死水草一般。但是对于那些经常到白垩河垂钓的人们来说，鸊鷉的这种手法已经不新鲜了。当垂钓者无意中闯到鸊鷉的警戒线之内后，他们就有幸观看到鸊鷉如何进行它们的掩护了，这种小水鸟会立刻从河里的水草上站立起来，然后迅速捡来附近的一丛水草盖在鸟蛋上，紧接着便飞快地潜入到水里了。这一系列连贯的动作甚至让人们无法觉察。

鸊鷉的警戒线是垂钓者距离它们 50 米或者 100 米时的地点。除非是觉察出了什么危险或者被惊扰，否则大部分水鸟都习惯静卧在鸟巢里一动不动，可能这也是鸟儿的一种自我保护方式，它们通过这样安静的状态来躲避人类的注意。可是鸊鷉的方式却稍微有些独特，它们在人们靠近自己的巢之前就已经早早离开了。

还有另外一种鸟儿用的也是这种方法，那就是斑鹟。我在汉普郡的房屋上经常可以看到斑鹟的巢。这种鸟儿具有极高的警觉性，它们会在人类出现的时候，以一种不被人觉察的方式飞离，这种做法与苍头燕雀刚好相反，苍头燕雀会选择老实待在巢里不动，除非是被强行驱逐，那时候它们才会非常不情愿地飞离。鸊鷉这种小水鸟会在一些不为人知的地方过冬，这些地方只能靠飞行才能到达，可见它们具有飞行的能力。但是这种鸟儿最惯用的方式还是潜水。一旦它们决定逃走，就会以最快的速度潜入水中，只在水面上留下痕迹。

但是，我曾发现过与此恰好相反的情况，那次，我蹲在伊特彻河的岸边，准备用捕获来的苍蝇作为诱饵去引诱鳟鱼的出现。就在我弯腰准备投放诱饵的那一刻（此时我的注意力完全集中在鳟鱼要出现的地方），我意识到河里有什么东西正在向我靠近，而且还有几滴水珠喷到了我身上。我往水里瞥了一下，想弄清楚到底是什么东西，这时，我发现一只小鸊鷉正在我附近漂浮，偶尔潜入到水中喷出一些水珠。它会一连重复好几次同样的动作。

在我前面的不远处，有一片生长在水中的稀疏的芦苇丛，从我这里望过去，依稀可以看到一丛黑色的水草漂浮在那里，这极有可能是小水鸟的巢。小水鸟这种出人意料的动作，要么是企图将我淹死，要么就是打算将我掳走。我曾经在一本书中读过这样一个故事：骨顶鸡在受到老鹰袭击的时候，会在老鹰扑下的同时成群地喷出水珠进行抵御，企图用这种方式将老鹰淹死，这和我遇到的这只小水鸟一样。或许当它回到自己巢里的时候，会为自己的行为倍感自豪，因为它没有使鸟蛋受到伤害。

鸊鷉哺育幼鸟的方式也独具特色。这是我在 St.James 公园里的河面上观察到的。那时候，我刚刚上班，从 1892 年到 1895 年，我一直居住在伦敦。其间，我和一个居住在外交办公室对面的人混熟了，他曾经照看过水鸟。我经常跑到他的屋子里去，听他讲一些喂养水鸟的故事，并且他也会将各种各样的鸟巢展示给我看。

一个清晨，他带我去他的小岛上巡游。在那里，他指着一些抛在水上的柳树枝告诉我，有一个小鸊鷉的巢就在那里面。当我们靠近这个巢的时候，发现里面是空的。他向我宣称，巢中的卵肯定已经被完全孵化出来了，因为早些时候他还来这里看过，那时候巢里面还有卵。就在这时，我听到水面上传来一些奇怪的声音，我们顺着声音望过去，发现一只成年小鸊鷉正带领着它的幼鸟们漂浮在水面上。它们很快就发现了我们。出于对我们的警惕，成鸟召集幼鸟聚集到它身边，出于本能，幼鸟们游到了成鸟身边，并且躲到了成鸟张开的羽翼下，成鸟用翅膀将它们覆盖起来。当所有的幼鸟都集齐之后，成鸟飞快地带着"一家子人"向远处游去，并找到一个安全隐蔽的地方躲了起来。

我据此推测，其他鸊鷉类的鸟儿在营巢和哺育幼鸟方面，与这种小鸊鷉的习性应该是差不多的。但是，我并没有对它们进行过多密切的观察。在羽毛的色彩方面，这种小水鸟看上去也跟其他鸊鷉类的鸟儿不相上下。我曾观察过大冠鸊鷉，雌雄两性鸟儿的头部在哺育期都点缀上了一些艳丽的羽毛，这个特点非常鲜明，以至于它们在游泳昂头时很容易被辨认出来，它们筑巢的水域也因此增添了几道靓丽的风景线。

有时候，一些鸟儿还会利用其他种类鸟儿的空巢，甚至是重复使用同类鸟儿的巢。汉普郡房屋上有一个鸟巢，在一个季节内孵出了两窝黑鹂，我不清楚这是由同一对鸟儿孵化的，还是由两对不同的鸟儿孵化的，我们可以暂且认为这是由同一对鸟儿孵化的。不过我发现在第二窝鸟儿离开这个巢后，很快就有一对白鹡占领了这个巢，它们对巢进行了略微的加工，使它成为适合它们居住的杯状巢。它们在这个"新家"里成功地孵化和哺育了自己的幼鸟。这样一来，一共有三窝鸟儿在这个巢中被孵育出来。据我所知，斑鹟也会将苍头燕雀的鸟巢加工后，作为自己的巢，并在其中孵育自己的幼鸟。

还有一些鸟儿会营建很多巢，这些巢的数量甚至会超过它们孵化的卵的数量，这种行为刚好与那些利用现成巢，再加工成自己巢的"懒汉"行为相反。泽鸡就是会营建出很多个鸟巢的鸟儿，或许它们认为营巢这种行为真的一点儿都不费力，又或许是因为它们的巢很简单，而且营巢所用的材料也简单易得。当然多出来的巢并不会浪费掉，我见到过泽鸡把一个固定的巢专门用来哺育幼鸟。这个巢离我喂养水禽之处不远，我可以很清楚地看到它。这个巢从来没有盛放过鸟蛋。接连好几天，每到夜晚时分，我都会看到一只成年泽鸡带领着它的幼鸟游到这个巢的所在地，并在这里集结，喂养幼鸟。

泽鸡的巢很简单，而这种简单的构造也会让泽鸡遭受一些不必要的麻烦。我曾看一只泽鸡在佛劳顿的池塘边寻觅挑选较大的枯叶，然后将枯叶运送到一簇生长在水中的鸢尾丛中。我猜想这只泽鸡正在营建巢，便对那簇鸢尾丛进行了翻查，果然，我在那里发现了它的巢，而泽鸡就卧在巢中，俯卧在一窝鸟蛋的上面。就我所观察到的情况，我推测这些鸟蛋被孵化出来后，这只泽鸡还会花费一定的时间去修缮它的巢。

鹪鹩是一个典型的例子，鹪鹩有很多巢，数量之多仅次于长尾山雀，而且鹪鹩的巢也非常精致美丽。人们并不在意这种鸟儿为什么会营建这么多巢，或许它们也和泽鸡一样，认为营巢是一件相对简单的事情。虽然鹪鹩有很多巢，但是每个巢都会花费它们一定的心血，而它们只会在一个巢中衬上羽毛，用来孵化鸟卵。因此从某种意义上来说，那些不用来孵育鸟卵的巢可以暂且称之为"公巢"。当人们为了鸟蛋或者幼鸟而专门去寻觅鸟巢时，却发现"公巢"内空空如也，这是一件令人沮丧的事情。有时候，某些鸟儿会在秋冬时节的日落时分暂居在这些"公巢"里。夏天，有时候会从"公巢"里飞出几只强健的幼鹪鹩，看来，这个"公巢"已经被鸟儿当作一家人的休息地或者栖息地了。

伯克特先生曾经对鹪鹩的生活习惯作过一番细致且有意思的观察，在得到他的同意后，我就将他在《爱尔兰自然学家》一书中的描述引用过来，摘录如下：

4月17日，一片低矮的灌木丛中，有一只雄性的鹪鹩在此营建巢，我将这个巢定名为 C1。27 日，我又在距此 100 码（约 91.44 米），并且是与 C1 巢相对较近的地方，找到了它的另一个巢——C2 巢。5 月 3 日，它在 C1 巢和 C2 巢中间的常青藤里又营建了一个巢——C3 巢。5 月 10 日，晚上 9 点半的时候，我发现一只雄性鸟儿在 C2 巢里寄宿。

5 月 11 日，我听到它在 C3 巢的附近飞进飞出，并且还纵情高歌。15 日和 17 日，它依然在这个巢中忙进忙出。5 月 18 日晚上 10 点钟，有一只鹪鹩在这里留宿。5 月 19 日，我第一次见到这只雌性的鹪鹩和它的配偶一起出现在 C3 巢的附近。5 月 20 日，C3 巢里面出现了一些羽毛。5 月 21 日晚上 10 点钟，我在 C3 巢里见到了那只雌性鹪鹩，它和一个鸟卵一起出现。

5 月 22 日，雄性鹪鹩在 C1 巢附近又开始营建另一个巢，我将其定名为 C4 巢。在营巢的同时，我听到这只雄性鸟儿一直在高声叫唤，听起来像是某种警报。这种警报式的声音也让我知道它在 27 日的时候回到了 C2 巢中。在接下来的两天里，也就是 30 日和 31 日，它都在 C2 巢里发出类似的声音，并且在里面逗留了 10～15 分钟的时间。

大概一个星期之后，它的歌声和兴趣开始转移，转移到它领地边缘的地区，并且开始远离它的配偶，此时它的配偶正在我的房屋附近孵育幼鸟。我观察到，在幼鸟还未飞离巢的时候，雄鸟从来没有过来帮助雌鸟哺育过幼鸟，也未曾对此有过任何关注。曾有四次，我设法让雌鸟离开鸟巢很长一段时间，我一直不让雌鸟回去，为此雌鸟不断啼叫传出警报，但是这种做法并没有对雄鸟产生任何影响。

但是在第三次，也是唯一的一次，这次是幼鸟开始学会飞的时候，这只雄鸟有过一次非同寻常的关注，可是这种关注不知道是集中在幼鸟身上，还是集中在它的配偶身上，而且我也不知道它是否有参与到哺育幼鸟的过程中。

当幼鸟会飞之后，有一天晚上，我发现一只幼鸟停落在了 C4 巢的入口处。

而它的父母在这个巢的周围表现出与众不同的兴奋，时隔两个晚上之后，我又发现其他四只幼鸟也在这个巢中停留下来，或许是受到了它们父母的影响。此时的天气寒冷且较为干燥，虽然它们依然停留在 C2 巢的附近，可是我不知道它们是决定在 C2 巢留宿，还是回到 C4 巢寄宿。我对这个巢并未过多干扰。C4 巢虽然是一个理想的栖息场所，鸟儿们可以在那里相拥而眠，但是因为这个巢是暴露在路边的，所以极容易被人们发现。

亲鸟对幼鸟的喂养会一直持续到幼鸟会飞后的两个星期，也就是到 7 月 13 日才会结束。我猜测这只雌鸟很有可能在 C2 巢或者 C4 巢里孵育第二窝幼鸟了，我认为 7 月 13 日是它们开始新一轮孵育的截止日期，因为到了 7 月 18 日左右，我已经听不到任何鹪鹩的叫声了。

7 月 6 日，当这些幼鸟尚处于被喂养阶段的时候，雄鸟正在 C2 巢内停留，但是到了 7 月 11 日，我发现这个巢的入口处塞满了青苔。原来孵育幼鸟的旧巢，也就是 C3 巢的入口已经被封闭了，不过它的里面并没有被青苔塞满。C4 巢虽然没有被封闭，但是在这段时间里，这个巢也已经被破坏掉了，因为它的存在已经没有什么意义了。

大多数鸟儿在一年内不止孵育一窝幼鸟，一旦第一窝幼鸟独立之后，雌鸟就会重新寻找一个新巢，再去孵育第二窝后代。从这个角度上看这种类型的鸟儿的数量要多于那些一年中仅孵育一次幼鸟的鸟儿。

然而也有例外，苍头燕雀虽然一年仅孵育一次幼鸟，但是在我们周围却经常出现这种鸟儿的身影。而且只有在第一窝鸟卵遭到破坏的情况下，它们才会考虑去孵育第二窝，而且，它们的目标也仅仅是将一窝鸟卵孵出大概四五只幼鸟，一旦目标达成之后，它们就不会再努力去孵育幼鸟了。影响幼鸟数量的因素有很多，但是，主要因素是其对环境的适应能力以及食物供应是否充足，还有物种内部的竞争。

在我的印象里，环鹬在哺育方面非常执著，但是在我居住的环境中，这些鸟儿的数量却在大幅度减少。或许下面这个例子对于我们了解这种鸟儿的哺育习性会有所帮助。

1900 年 6 月 27 日清晨，当时我正在自己的小更衣室里刮脸，这时候我发现一只雄性环鹬，它正停在我窗户前面数米远的合欢树上。我看得出来它紧张而又烦躁。显然它也看到我了，似乎它特别喜欢我，因为如果它介意我的出现，完全可以自由飞走。可是它停留在这里，答案显而易见，因为它想做某一件事情，却又不想让我看见。鸟儿最不希望人类见到的事情就是回巢。这只环鹬的表现告诉我，它的巢就在这附近，而且离我很近。在这之前我还没见过环鹬的巢，而现在有一个非常好的机会摆在我面前，但是，我要靠这只环鹬才可以知道巢的明确位置。

我继续刮胡子，假装没有看到它，我这么做的目的是为了打消它的疑虑。在我刮完胡子之前，我发现这只鸟儿飞到了一片金钟柏的树篱丛中，这片树篱丛就在我窗户的不远处，它在里面停留了数秒，又飞了出来。我要补充一点，我注意到它的时候，它的嘴里已经衔着一些食物了，这些食物可能是用于喂养它的幼鸟的。于是我急忙赶到了那个地方，果不其然，我在那里发现了它的巢。巢里有两只非常小的雏鸟和一只还没有孵化出来的鸟蛋，这可能是一个坏掉的鸟蛋。

直到 7 月 5 日，这里都是一片祥和，但是在 7 月 5 日到 7 日之间的这段时间，有个"坏蛋"——或许是寒鸦——将这些幼鸟掳走了。7 月 10 日之后，我就搬离了这个房屋，有关这对环鹬接下来的情况，都是 W.H. 赫德森告诉我的。他租借了这套房子，并且一直住在这里，直到夏天结束。我从他口中得知，这对鸟儿后来又在房子另一侧的野蔷薇的树篱中营建了一个新巢，而且这一次，它们也成功孵育出了三只幼鸟。在完成对这三只幼鸟的哺育工作后，它们又孜孜不倦地在野蔷薇的另一端营建了一个巢，然后在这个巢中产下了卵，但是，这次它们并没有将蛋孵化出来。我想大概是雌鸟觉得它们在这一季节中已经做了很多事了。

经过这件事之后，每一年我都抱着极大的希望，期盼着在家中再次见到环鸫的巢，但每次都落空。在接下来的几年里，我在这里再也没有见过环鸫的巢，原本在这里有很多环鸫，后来也越来越少了。一直到1922年，我卖掉这里的房子之前，我始终都没有听到环鸫的啼叫。也许这是大自然跟人类开的一个玩笑，一旦碰到比较有趣的东西，紧接希望而来的就是失望，当然也有反过来的时候，大自然就是如此（W.H.赫德森在他所著的《汉普郡日志》一书的12章和13章中，曾提及这对环鸫第一次和第二次营巢的一些情况，还有对房屋及其周围环境的描写）。

我很迷恋在花园里或者乡下的家周围寻找鸟儿的巢，尤其是当我闲下来的时候更是如此。我会因为发现一个极其隐秘的鸟巢，从而获得前所未有的胜利感，也会因为看到它在日后完好无缺的样子，而持续兴趣高涨。如果幼鸟最终安全离开巢，并且得到一个圆满的结局，这会让我异常满足。但是如果鸟儿会说话的话，它们肯定会说："无论你们的兴趣如何友善，无论你们的意图如何仁慈，请不要去找我们的巢，因为这样做只会让我们的巢陷入危险，并且你们也会罔顾它们的危险，置之不理。"

在汉普郡的家里，那些隐藏于花园中和稠密的白垩坑丛中的巢经常会被破坏掉，这件事让我觉得很痛心。那些被摧毁的鸟巢，全都是我们找到了并正在观察的鸟巢，要不然我们也不可能知道它们的悲惨命运。我们猜想，遭受到不幸的鸟巢数量并不少，以至于在有一些年份中，有些鸟儿的繁殖注定会失败。可事实并不是这样，因为每年都会有相当数量的鸟儿从我们未曾发现的巢中飞出来。我们应该谴责那些侵害鸟巢，从而造成某一特殊地点的鸟巢被破坏的行为。当然还有很多原因导致鸟巢被破坏，比如那些来自白鼬、黄鼠狼、家鼠、田鼠以及寒鸦的破坏等等。

有一个问题一直困扰着我们，为什么我们发现的鸟巢会更容易遭受到破坏，而那些我们没发现的鸟巢却能幸免于难？如果就用"因为我们容易发现的鸟巢，其他动物们也容易发现"这一点来搪塞，有点儿牵强。更多的原因是因为人们找到并查看鸟巢之后，会留下一些泄露其秘密的蛛丝马迹。那些弯下的嫩枝、被移走的树叶都极易吸引饥饿的寒鸦们。有了这个想法之后，我开始慢慢放弃在房屋附近寻找鸟巢的做法，并且我开始满足用耳朵来"听"那些鸟儿是否在那儿，用眼睛去"看"那些幼鸟是否平安无事。

多年以前，我所喂养的水禽极容易受到狐狸的袭击。我想到了一个对策，就是在防护栏合适的高度上安置一些带刺的防护网，这样或许就能够防止狐狸的偷袭。在那一段时间里，大约有 12 只鸟儿正在花园里孵育幼鸟。可能是出于防护栏的防护作用，有很多巢都免于被侵害。因为，我发现之后有很多鸟儿都带着它们的幼鸟在这里出现。可还是有一些鸟巢没能幸免于难，而这五个被破坏的鸟巢的共同点就是：我们曾经检查过，它们全都遭到了狐狸的破坏。

而有一些鸟巢却相反，它们暴露在外面的程度非常大，人们甚至怀疑这样是否能躲开其他动物的侵害。槲鸫会在树木光秃、覆盖物少的时候，早早地在树上把巢搭好。它们的巢很大，而且高于歌鸫的巢，这样一来，它们的巢就会非常显眼。而且人们也经常认为槲鸫的巢会主动送上门来，不必刻意寻找。但是这种鸟儿除了体型大之外勇气也大，因为人们可以经常见到槲鸫与寒鸦之间的斗争，这种斗争被认为是槲鸫在保护自己的鸟蛋或者是幼鸟的自卫行为。

每隔一段时间，在春天或者初夏时节，我就会返回乡下的家里，去看看那些令我心心念念的鸟巢，看看它们的情况如何，这是我最想做的事情。鸟儿长羽毛的时候，会有很多皮垢沉积在鸟巢的底部。如果没有什么意外发生的话，鸟儿在长出丰满的羽翼之后便会离开巢，巢内会留下数量惊人的皮垢。

有一些粗陋的鸟巢，像黑顶林莺的鸟巢，因其皮垢太多而从巢底漏了出来，这样一来，它们长羽毛过程中形成的残迹就不明显了。但是对于大多数鸟儿而言，这种残迹是显而易见的，尤其在哪些用泥筑成的巢中，比如歌鸫的巢，直到它们的幼鸟飞离巢为止，所有的皮垢都会留在巢里。我们可以在幼鸟离开巢之后，对它们的巢进行查看，通过对皮垢的观察就可以判定鸟儿是否完全发育成熟。

如果鸟儿分类的标准是其孵育方式的话，可以将英国的鸟儿分成四类：

1. 雌鸟独立完成孵化鸟卵的工作。在这种类型的鸟儿中，雄鸟的颜色要比雌鸟的艳丽许多，而且据我所知，雄鸟不会俯卧在鸟卵上进行孵化，雄性的苍头燕雀就是代表，我从未见过任何一只雄性的苍头燕雀有过孵化的行为。或许是因为雄鸟太过艳丽的羽毛颜色，从而使它们的巢更引人注意，又或许是因为燕雀类的鸟儿根本就没有孵化的习惯。雄性谷鸫和雌性谷鸫的羽毛颜色都一样，那么雄性谷鸫是否会承担一部分孵化责任呢？羽毛颜色更为素淡的雌性黑鹂承担了孵育的全部工作。还有雄性鸫，它们并没有华丽的羽毛，那么是否可以逃避孵化鸟卵的责任呢？这一系列问题，只有通过观察这两只鸟儿在孵化期间是否存在替换行为来回答了，前提是雄鸟和雌鸟羽毛的颜色必须一样。我记得埃德蒙·瑟劳司先生曾在他的某一本书中提到过，夜鹰中具有轮流孵化鸟卵的现象。如果我没记错的话，在这个过程中，雄性夜鹰会略显笨拙一些。

2. 雄鸟承担部分孵化鸟卵的工作。这种鸟儿很容易观察到，比如黑顶林莺就是这样的类型。通过对黑顶林莺的一系列观察，我们猜想可能在林莺类的鸟儿中有着一个"约定"，它规定了雄鸟必须承担其分内的孵化鸟卵的工作。但事实是否如此，还要留给那些比我更有时间和机会去观察的人们来回答。

3.雄鸟承担孵化鸟卵的工作。据我所知，这种类型的鸟儿在英国只有红颈瓣蹼鹬一种。可是我个人并没有亲眼看到过它们生活的情况，我所了解的内容都是从书中得来的或者听说的。在体型上，这种鸟儿的雌性要比雌性大一些。雌性的羽毛会稍微亮丽一些，雌鸟会让它们的配偶独自忍受孵化鸟卵时的枯燥和乏味，而且雄鸟还要承担起觅食的责任，这也是它们唯一离开巢的机会。但是，如果它们在既定的时间内没有回来的话，就会遭受到那些更为亮丽和强势的雌鸟的驱逐。我还听说，一旦有惊扰的情况发生，雄鸟就会显得非常兴奋，因为这是它们暂时摆脱无聊工作的最佳借口。为何在红瓣蹼鹬这种鸟儿身上会有如此奇怪的关系，这点让我无法理解。或许答案可以在食肉鸟的身上寻找，比如游隼和雀鹰，它们都是属于雌性个头大、力量强的鸟儿。相反，如果雄性更加瘦弱时，除非它们遭受饥饿或者暴力，不然它们不会展现出凶悍的一面。有时候雄鸟还会出其不意地攻击自己的后代，这个时候，个头更大一点儿的雌鸟就可以很好地制止这类事情的发生。但是，红瓣蹼鹬属于性格温顺的鸟儿，这根本不足以成为理由。

4.雄鸟和雌鸟都不承担孵化的工作。在英国，最典型的这种鸟儿莫过于杜鹃。我会在另一个章节中对这种奇怪的鸟儿进行单独介绍。变化莫测的大自然向我们展示了鸟儿筑巢和孵卵行为方式的差异性。我们觉得"雌鸟产蛋"是唯一正确的认知，在这一点上确实没有任何反例或者可以质疑的地方。

以下的描述是由我妻子撰写的，文中她提到了戴菊鸟在巢中的情况。这段描述已经在某个刊物中发表了，我就以此作为本章的结束语。

在所有已发现的鸟巢中，并没有戴菊鸟鸟巢的影子。它们的巢建立在紫杉树上，有一层绿色的地衣将它们巢的外表包裹了起来。你可以在山毛榉的树干上及木棚的栏上看到这种地衣。触摸它们的巢，其手感是难以置信的柔软，这种柔软需要经过长时间的加工才可以形成。我搬来一个竹梯，清楚地看到了巢内的情况，我发现它们的巢内衬满了柔软的蒲公英花絮，每一个圆球状的花絮都被拆开来，衬在巢内的每一个角落。

　　似乎戴菊鸟格外喜欢这里的环境，很快又有一个新的鸟巢被我们发现了。当时我正把脸探进一棵锥形的苹果树的花丛中，从密密麻麻的花瓣中透进来的阳光让我非常享受。花瓣长得很稠密，以至于几乎把其他所有东西都给遮挡住了。突然，我发现了一张深红色的面颊，那正是戴菊鸟的脸。它就在距离我不到10英寸的地方，它俯卧在巢中，并没有飞走或者挪动。它也在享受这片柔和的阳光，于是我也没有轻率地退离那里，我在那里待了很长时间，繁花锦簇的苹果树在阳光的照耀下有着绚烂多姿的色彩，我欣赏着这瑰丽的色彩，金色、玫瑰红，还有一抹特殊的"深红色"，加深渲染了这片景色。

第十章 快乐飞翔与快乐之声

在我有生以来听到的所有鸟叫声中，白腰杓鹬那流动在春天里的叫声，是我最喜欢、最愿意听的。曾经有一次，我在林中徜徉的时候，有幸看到了这只鸟儿在盘旋落地之间完成鸟叫的整个过程，在其优美的舞姿下，飘然而出的悦耳鸣叫声，让我以为这是世间最完美的视觉和听觉的结合，让我至今难以忘怀。

然而，我没有观察到它们是否能够在不飞翔的时候，也能发出如此的鸣叫声，从原则上来说，白腰杓鹬应该都是在展翅飞翔的时候，才会发出那种行云流水般的美妙声音吧？这种叫声虽并未让人觉得多么激情四射，却更加给人一种祥和、愉悦和安逸的感觉，是对自然的喜爱以及对美好日子的自信。

试想，一名鸟类爱好者在一个春意盎然、阳光明媚的时节，在春暖花开的4月，风轻云淡，树枝摇曳，在这样一个美好的日子里，突然听到白腰杓鹬的叫声，那将是一件多么美妙的事情啊，或许，这也会成为这名鸟类爱好者记忆中的一笔宝贵财富呢。这种仿佛连空气中都震颤着"祝福"的鸟叫声，让人们总是很想多一份幸运，能够，或常常能够听到。其实，白腰杓鹬叫的时间很长，让人们多了一份欣喜和期待。

　　每年 4 月份到 5 月份，甚至一直到 6 月份，有心的人们都能寻到它的叫声。因此，在它们生育繁殖的地方听到这种叫声，也不算是很稀奇的事情。到了秋冬季节，白腰杓鹬便会到河口、海岸一带活动，这个时候它的叫声，在萧瑟的秋风和凛冽的寒风中，透露出几分悲伤的气息，让多愁善感的姑娘不禁掉下几滴眼泪。但是，若是遇上秋高气爽或阳光明媚的好天气，人们也可能会惊奇地听到这种鸟儿发出零星的几声略带欢乐的叫声。这已经足够让人们回忆起那春天的天使，想起那即将逝去的美好回忆。更让人惊喜的是，它的这些零星的欢乐之声，常常能带动起周围其他的鸟儿的欢乐，转瞬间，应和声声，给人以春天顿时再现的错觉。

　　但是，在能散布快乐的鸟儿中，较为常见的还要数凤头麦鸡。它在春天里的叫声，连同其绚丽的飞翔舞姿，都会带给人们美和快乐的享受。实际上，凤头麦鸡快乐的叫声也和其欢乐的舞姿紧密结合在一起，它们在碧空绿林间尽情用翅膀跳舞的时候，情不自禁发出的歌声，洋溢着让花苞绽放、嫩芽勃发的快乐的震撼力。因此，每年伊始，人们都翘首以盼希望能够早日发现这种鸟儿，或是听到它叫醒春天的快乐之声。不幸的是，一些以识鸟为爱好的人们，却认为凤头麦鸡在日后一无是处，他们说："这种鸟儿完成了它们'领跑'的使命后，就变得没有丝毫用处了。"或许，这样的论调，让人们对它产生了一种悲伤的印象。

　　凤头麦鸡或者称麦鸡，不但是一种非常美丽的鸟儿，还是农民的朋友。它常常活动在田间地头，为农民消灭田地里的害虫，博得了农民朋友的称赞。然而，由于它的鸟蛋烹调后味道非常鲜美，因此，一些忘恩负义的人们总是大量地将这些鸟蛋拿到市场上去贩卖，或捡回家去填饱那相比之下显得肮脏的五脏六腑。这种情形，不仅在我国，在国外其他凤头麦鸡的繁衍生殖之地也普遍存在。长此以往，多年后我再也没有在秋冬里的伦敦见到过成群的凤头麦鸡。

金鸻，被制作成菜肴摆放到盘中的时候，从外观上看，其身体形状与凤头麦鸡十分相似。但是，识鸟者则能一眼看出真假，他们只看它们有没有后爪，金鸻是没有后爪的。和凤头麦鸡一样，金鸻也是春天一支欢快的"乐曲"。它会用"真假嗓音"互相交换着演奏，并能给人们带来快乐的享受。同样，在秋天和冬天的时候，人们又会因它呼唤似的叫声而对它产生怜爱，它此时的叫声是那么单薄而悲伤。

会用真假嗓音交换歌唱的鸟儿还有红脚鹬。红脚鹬通常在生育繁殖期才会发出这种叫声，而且也是在快乐飞翔的时候发出的。这一点引起了人们的注意：看来，很多鸟儿到了筑巢期都会发出这种快乐的像歌的声音，或者，可以说那就是在歌唱。比如，黄昏的时候，雨燕飞翔在村舍周围时，发出"欢乐"的叫声；阳光下，停落在枝桠或草场上的麻雀，发出的叽喳交谈的声音；还有鹡鸰那细细的歌唱等等，大抵都是如此。

还有一种鸟儿的声音，在我孩提时代常常听见，可惜现在几乎已经绝迹了。每每想到这些渐至消失的快乐鸟叫声，我就心痛不已。还有一种长脚秧鸡的叫声，在以前，这种鸟儿的叫声随处可闻；如今，却已经很少能听见了。我说不准它的叫声究竟能否算得上很悦耳很动听，但是，在从前，每个早夏的夜晚，它那尖细的叫声都给佛劳顿的花园及其附近增添了不少的乐趣和繁闹。现在，我只能偶尔听到它那零星的叫声，但也透露着几分悲凉和孤寂。它那欢乐而热闹的交响乐，我也只能到深深的记忆中去寻找了。

另外，值得一提的还有两种常听到又比较特别的快乐鸟鸣声。其一便是夜鹰的"颤鸣"之声，这种叫声往往能持续很长时间，中间没有任何的停顿和间隔，可以说，这是一种悠长的，最能让人安宁，让人受到安抚的声音。第一次听到这种叫声，我们就猜测这一定是一只鸟儿发出的。细细聆听，这叫声如打谷机般嗡嗡作响，又如海涛般永不停息地拍击海岸，是那样地持久、安宁又绵长，让人忍不住坐下，慢慢品味，尽情想象。

夜鹰，我见得不多，却有一次很有趣的经历，尽管在这次经历中，它没有向我展示它那洋溢着快乐的叫声，还有那快乐飞翔的舞姿。某一年9月上旬的一个傍晚，我坐在一棵树下，静静地凝望着周围的水草地。过了好久，我突然发现从我头顶上方的树枝中飞出了一只鸟儿。那鸟儿在草地或附近叼了些什么东西，又飞回树顶。这样的动作它重复了好几次，有时，它还在周围做短暂的盘旋式飞行。

这是一只夜鹰！我认出来了，能有这样一个近距离观察它的机会，我很兴奋，保持着姿势一动不动。而这只鸟儿，在我周围盘旋着，根本没注意到我的存在。直到有一次，它突然飞向树下的草地，径直飞到我跟前。它离我是那样的近，以至于我能清楚地看到它的羽毛，它的眼睛。它也突然发现了我，我们彼此对视了一秒钟，它发出了一声刺耳的尖叫，然后就忽地飞走了。这种尖叫声，我在这种鸟儿身上从未听到过。

它发现我的时候正对着我，那叫声也极像是冲着我发出的。它的叫声里和眼神中并没有多少恐惧，更多的像是愤怒和不满。或许，它本以为这里很隐蔽，是个安全的好地方呢，当突然看到一双陌生人的眼睛，居然还一直就这样近在咫尺地盯着它，这种愤怒就像一个人的隐私被人堂而皇之地翻看了一样，轰然而起。这种叫声，就像某人的妻子突然发现有双偷看她脱衣服的眼睛，而这双眼睛居然并非自己丈夫的时候，因愤怒和被侮辱而发出的尖叫声。

沙锥鸟也会发出快乐的叫声，它的叫声是类似于"打鼓"的声音。而且有观点认为这种声音是从它外部的尾羽发出来的。虽然我并没有对这种观点进行验证和鉴别，可我是比较认可这种说法的。沙锥鸟会在长时间的飞翔过程中发出这种声音。我们不难看到这种鸟儿在旷野上空盘旋飞翔，偶尔它们也会有角度地用加速度向下俯冲，并伴随着这种声音。似乎它向下俯冲的目的就是为了发出这种声音，因为很快它们又会恢复到之前飞行翱翔的姿态。

这一整个过程完全可以通过仔细观察看到。沙锥鸟飞翔的姿态让它看起来异常快乐幸福，我猜测可能是这种鸟儿具备异常充沛的精力，以至于它们没办法仅仅依靠翱翔来表现。它们宣泄自己充沛精力的另一种方式，就是伴随翱翔时所发出的类似"击鼓"的声音。确切地说，这种声音更像是羊羔的"咩咩"声，而非鼓声，因此有些地方的人们也称其为"空中羔羊"。当然这不是它们唯一的声音，我曾经听到过它们另外一种声音，听起来确实有点儿像"击鼓"，这种声音听起来枯燥且单调，类似于一种"咕咕叫"的噪声。似乎它们在飞翔的时候并不能发出"咕咕叫"，反而是落地之后，它们像是取乐似的发出这种声音。

晚春的某一天，我正在公路上开车前行，看到一只沙锥鸟正站在一堆被砍倒的芦苇上发出这种"咕咕"的叫声。这种声音听久了真的让人觉得厌烦，除了单调的鸣叫之外，这只沙锥鸟好像一事无成。突然我又听到从一片水草地里传来这种声音，仔细一看，还是一只沙锥鸟。我很好奇雌性的沙锥鸟是否也和雄鸟一样能够发出这种令人生厌的叫声。但是，这种叫声有异于它们从地面飞起来后所发出来的那种耳熟能详的叫声。

啄木鸟的叫声才是真正击鼓式的声音。在汉普郡房子前面有一棵白杨树，树的顶端已经坏死。春天的时候，每天都会有一只小斑啄木鸟不止一次地飞到这棵大树上，停落在树顶端坏死的部分，发出击鼓式的声音。我在客厅的门口就可以观察到，这只鸟儿紧紧附在这棵大树的坏死部分上，头部朝上频繁地凿击树干。虽然这种凿击的声音非常响亮，但是要想清楚地观察到鸟儿头部的运动还是有难度的。我看到的情景是，这只鸟儿连续不断使劲且快速地凿击这棵树的坏死部分，可是要想看到鸟儿凿击树干的分解动作，那真的太难了。

我唯一密切关注过的啄木鸟的种类，就是小斑啄木鸟。尽管大家已经非常熟悉绿啄木鸟了，而且我们也时常能见到这种鸟儿，可是我从未听过它们敲击树干发出的声音。人们看它的飞翔，无论是起飞还是降落，都有一种虚弱无力感，这让人们不得不怀疑这种鸟儿是否能够进行持久的飞行。这种鸟儿在南方某些地区并不稀有，但是因其美丽的色彩，以至于人们经常误认为它是稀有品种。

我曾经有一次机会得以仔细地观察大斑啄木鸟的情况，但那一次的观察却让我发现，原来它和其他啄木鸟的习性刚好相反，它落落大方，一点儿都不"害羞"。萨瑟兰郡地区猎场的一片野生的白桦树的树林正是它的停落点，或许是因为它全身心地寻找白桦树坏死的树干，因而并没有注意到我就站在离它不到十米的地方。如此一来，我俩就完全暴露在对方的视野之内了。我借用望远镜对它进行了一番观察。虽然那时候已经是 4 月份了，但是我还是没看到任何鸟儿交配的情景。试想，在这样一个北方野外的环境中，我能看到这种鸟儿，而且它还这样出其不意地温顺，我觉得这真是一件幸福而有趣的事情。

岁月流逝，我们会逐渐老去，这样我们就无法再去野外观察了，尤其当视力开始下降，我们就不得不承认，当初所见到的东西如今已经无法再见到了。那些鸟儿在空中飞翔的情景总是时不时地在我们的脑海里被回忆起来，那些美妙的场景中就包括鸥鸟在蓝天下自由缓慢悠闲地翱翔的样子。似乎这样做就能获得最纯粹的享受，W.H. 赫德森就这样认为。他印象最深刻的场景，就是幼年时在阿根廷看到很多大鸟盘旋天空，而英格兰的天空总是空空荡荡的，没有鸟儿的踪影。

在有些地方，鸥的出现会给空荡荡的天空增添一些别样的风景，让人们赏心悦目。暴风雨到来的时候，鸥会与风雨搏击，将海浪作为避风港。它们会沿着海浪的背风面低翔，在波浪起伏过程中，它们会越过一个浪头，躲在另外一个浪头的背风面。波浪的掩护遮挡让它们在飞行时更加安全和轻松。虽然是在惊涛骇浪中飞翔，可是这并不会让鸥的翅膀受到任何伤害。大家对于鸥搏击海浪的场景再熟悉不过了，我在这里的介绍反而显得粗略简单。

秋冬时节的傍晚时分，大自然又在刻画一幅壮丽的景色，那就是椋鸟归巢的场景。经过一天辛勤的劳作，椋鸟会成群地从四面八方回到栖息地，盘聚在栖息地的上空，但是它们并不急于回去栖息，相反它们会在其上空以一定的速度飞行盘旋。从远处看，数以千计的鸟儿在空中形成了一个大大的圆球。它们彼此紧挨着飞行，在这个过程中甚至还会"耍杂技"，多次快捷变向和转弯，却不发生任何碰撞。这一系列动作的协调性良好甚至让人们怀疑它们不是独立的个体，而天生就是一个整体，大有牵一发而动全身的感觉。

鸟儿们这种精彩的表演会持续很长一段时间，接下来，由鸟儿组成的圆球会经过一棵月桂树，期间会有很多鸟儿在树上停落下来，当它们降落并穿越过月桂树的时候，会发出一种急促而强烈的嘈杂叫声。椋鸟一波接着一波从中飞出，然后降落到各自栖息的树枝上，直到这个整体只剩下一小部分。但是不久之后，这一小部分鸟儿也会回到自己的栖息地。最后就有成千上万只鸟儿栖息在这片常青树林中了，但是嘈杂声并不会因此而停下来，　这让树林变得异常热闹。它们的吵闹声如此之大，以至于人们站在稍远一点儿的地方，就会误以为这是瀑布飞流直下的声音。

我在前面提到过月桂树，在佛劳顿，椋鸟就经常栖息在这样的月桂树上，当然它们也会有其他选择，比如说一些其他的常青树。在佛劳顿，椋鸟偶尔也会集结成群，然后选择一个地方作为它们冬天的栖息地。人们并不会驱逐那些栖息在离自己屋舍较远地方的椋鸟，因为椋鸟在傍晚时分上演的壮丽表演真是令人赏心悦目。

但是有一次，它们选择在离我屋舍较近的月桂树林里栖息，如此近的距离让那些沾上鸟屎的灌木及满是污秽之物的地面散发出了阵阵的臭味，令人异常恶心。最终人们砍伐了这片月桂树林，因为这是驱逐鸟儿最有效的办法，可是这依然让人们觉得伤感。椋鸟在傍晚时分的表演似乎仅仅是其愉悦心情的外在表达方式。可是这种表演一般只是在秋冬时节上演，因此，与那些在春天及求偶期中鸟儿的快乐翱翔相比，它们的表演还略显逊色。

一种更为特别的鸣叫就是黑喉潜鸟的鸣叫声，它们的叫声在我听来就像是小孩子受到伤害时发出的哭声一样（类似的比喻在很多书中都提到过）。这种声音一般是它们在高空飞翔的时候发出的。这种特别的声音它们唯有进入生育繁殖期之后才会停下来，但是我想这对它们而言其实是"幸福之音"。我见到黑喉潜鸟的机会并不是很多，而且一般能见到它们的叫声也是在其生育繁殖期将要结束的时候，那时我刚好有时间去西部高地出海垂钓。虽然红喉潜鸟与黑喉潜鸟有很多相似的行为习性，但是它们的声音在人们听来并不是那么稀奇古怪，虽然它们的声音也类似于哭叫声，并且在同一时期出现的频率也高。

有一点是毋庸置疑的，那就是这两种鸟儿的飞行高度都很高，而且飞行时间也很长。但是飞行并不是它们逃避天敌的方式，潜入水底才是，似乎它们也认为飞行是一项非常耗费体力的劳动。但是它们很愿意在飞行中寻找乐趣，又或者是自由地从一个地方飞行到另一个地方去玩耍，只有在这个时候，它们看起来才像是一个技术高超的"飞行家"。

很遗憾，我对大北潜鸟这种鸟儿很陌生。

鸬鹚有一种习性在我们看来非常奇怪，它们会长时间亭立在一块儿岩石上，然后向外张开它们的翅膀，一动不动，就像是一个张着翅膀的展示品。

St.James 公园的守园人曾告诉我一件有趣的事，是由鸬鹚的这种习性所引发。一名参观者到公园游玩，看到鸬鹚张开翅膀站在那里一动不动，于是就按响了守园人房间的警铃，原来他以为有人把鸬鹚电着了，想要让守园人来这里看一下。

人们猜测鸬鹚这样做的目的是为了晾晒翅膀。我也很想知道，与其他会潜水的鸟儿相比，它们为什么显得更湿，需要这么长的时间去晾晒翅膀。有时候鸬鹚看起来非常不愿意飞行，甚至会让人怀疑它们是不是不会飞。我的猎犬曾经在奥克尼郡的水塘里追逐过一只鸬鹚，但是它并没有用飞行来躲避猎犬的追踪和袭击。有一天，我发现它受伤了，第二天当我经过这个地方时它已经不见了，我无法解释这种情况。还有一次，一个倒向养殖鲑鱼池塘一侧的木栅栏上停落着一只鸬鹚，当时我就在鸬鹚附近垂钓，但是这只鸟儿并没有飞走的意思，反而待在那里一动不动。直到我把鱼钩甩到池塘里，它才动身飞到池塘里，并且在下落的时候还触碰到了我的鱼线。鸬鹚在吞咽食物的时候基本上是不飞行的，除非它们消化完食物并恢复了平衡。

鸟儿们在飞行的时候并不想向人们展示它们绚丽多姿的羽毛。当雄孔雀在蓝天下翱翔的时候，人们根本无意去看它的羽毛，就连鸳鸯在飞行的时候，人们也是如此。但是也有例外，那就是翠鸟，翠鸟飞行时候的羽毛闪亮得就像一颗宝石。人们在听到它的尖叫声后会急于寻找它的踪影，为了能够瞥见它绚丽的色彩，但是这其中还是有视觉角度的因素在内。翠鸟飞行时偶尔会在河道的中间低飞，或者在水草地上浅行嬉戏，但是大部分的时候，它们是在我们头顶或者与我们保持同一水平线飞行。

现在总结一下本章快乐飞翔的主题。虽然鸟儿飞行的主要目的有功利主义色彩，它们可能是为了抵达觅食的地点，也可能是为了躲避敌人的侵袭，还有可能是为了寻找一个合适的生活环境，但是它们还有可能是为了表达自己内心愉悦的心情。飞行有时候跟歌声一样，表达的是生活在大自然中的幸福和快乐，这种目的是其他动物所不具有的。我对这种幸福程度到底有多深不加以评论，但是至少我认为，只要让我们看到它们，听到它们愉悦的歌声，并且知道它们的行踪，这就是一件让人身心愉悦的事。

当然鸟儿还有其他展示自己快乐和幸福的方式，这是在飞行和声音之外的东西，我们暂且称之为鸟儿快乐的神情。在这方面最好的例子就是黑鹂在草地上享受阳光的样子。我见过一只黑鹂晒太阳的样子，它侧躺着，一侧的翅膀向上抬起，以便温暖的阳光穿过其细嫩酥软的毛羽晒到其身体。它们这样子看起来像是生病了，或者是受伤了，但事实上它们是在享受阳光的沐浴。

还有一个更为有趣的场景。当时好像是 7 月份的某一天，空气还出人意料的寒冷，微风裹着一丝寒意吹来，但是汉普郡区房屋旁边的白垩坑的地面上却洒满了阳光。我在此徘徊，以便能享受到这温暖的阳光。忽然一只长尾山雀飞到这里，并停落在一棵幼小的桦树上。这只小鸟儿立刻就感受到了这里温暖的阳光，它在树枝上展现出不同的姿态来享受阳光，并在这里停留了很久，尽情地享受着大自然带给它的温暖。

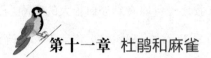

第十一章 杜鹃和麻雀

　　人们在一定程度上都有点儿讨厌杜鹃和麻雀，因为它们的习性都很特别，与它们相比，其他鸟儿就显得比较平常了。

　　杜鹃是没有筑巢行为的，它们到处产卵，而且把孵化卵和哺育幼鸟的工作抛给其他鸟儿，这样一来，它们就破坏了其他鸟儿的家庭。对于杜鹃来说，家庭生活也是可有可无的，它们实行的是一妻多夫制。这一系列的习性，让人们特别讨厌它们。

　　对于我身边的杜鹃是否实行一妻多夫制，我还没有办法证明，但从听觉上判断，雄鸟的数量好像确实多于雌鸟。可能雄鸟和雌鸟的数量是一样的，不过，由于雄杜鹃的歌声听起来更动听，或者雄杜鹃在生育繁殖期内的叫声人们更熟悉，所以才让人们产生那样的错觉。当然，雌杜鹃在生育繁殖期也会啼叫，只是它们的声音与雄鸟有差别，而且人们极少听到雌杜鹃的叫声。

　　事实上，就算是常年生活在乡间的人们也未必听到过雌杜鹃的叫声，即使偶尔听到，人们也未必识别得出哪些是雌杜鹃发出来的叫声。有时候人们会把雌杜鹃的声音比作是"水冒泡"的声音，我也基本上认同这种比喻，因为我找不出更加合适的词语去改进。我认为，雌杜鹃的叫声仅仅是用来召唤它们的配偶的，关于此事我有一次美好的经历。

当时我刚好在汉普郡房屋附近的菩提树下静坐，虽然四处延伸的树枝影响了我投向外界的视线，但是从树底下望去我还是可以看到外面很大的空间。这时一只杜鹃飞到了这里，并且在距离我前方不远的一根树枝上停落下来，待它找到自己栖息的地方后，就发出了类似于"水冒泡"的声音。与此同时，在不远处一只雄杜鹃循声而至，一边飞行一边发出热切的咕咕声，最后它紧挨着雌杜鹃停落在那根树枝上。然后我就目睹了和乔叟笔下"春天里的仪式"一样的事情。

据我观察，在这件事情中并没有第二只雄杜鹃在附近，仿佛它们的一切行为都表明了杜鹃也是一夫一妻制的鸟儿。但是有时候这种"水冒泡"的叫声也会同时引来好几只雄鸟咕咕叫的叫声和追求，因此大家所熟悉的"咕咕叫"，可能是对雌鸟呼唤的一种响应。大多数情况下，这种声音是充满了愉悦、充沛、挑战性和兴奋的感觉，这一点与其他鸟儿是一样的。

杜鹃鸟以它们的生活习性而闻名，这样一来，似乎我说什么都无济于事。但我还是有必要说一下我当初对它们观察的情况，或许这个大家还是愿意听的。

有一次，大约在5月末或者6月初的时候，当时我正开车行驶在一条乡间的小道上，突然，我发现一只杜鹃非常焦躁不安地从一片树篱中飞了出来。于是我们停车下去，想看看到底发生了什么事，没想到在那里发现了一个尚未完工的巢。经过我们仔细辨别之后，认定那是林岩鹨的巢。由于我无法在那里待太长的时间，于是我让我的同伴（他是本地人）继续追踪这件事情的进展。后来他告诉我，事实上那个鸟巢是已经营建好的，后来杜鹃把自己的卵产在了那个巢里，并使其和林岩鹨的卵混合在一起，这件事情说明杜鹃极有可能提前在它们准备产卵的巢上作了标记。

还有一次是跟一对白鹡鸰有关，这对白鹡鸰每年都会在汉普郡的房屋上筑巢。同样，它们也遭到了杜鹃的迫害。这对白鹡鸰在这里的巢多年来一直都平安无事，可是有一年，一只杜鹃发现了它们的巢后，就开始破坏它们平静的生活。

这对白鹡鸰的巢，就营建在一丛密密麻麻的爬藤里面，我房屋前面的一个小亭子里就布满了这些爬藤。那只杜鹃把鸟卵产在了这个巢里，然后就离开了。于是白鹡鸰就承担起了孵化和喂养杜鹃幼鸟的工作，并且还视为己出。当这项工作完成之后，这对白鹡鸰又在爬藤里营建了第二个巢，然后那只杜鹃再一次在它们新的巢里产了卵，很不幸的是，这对白鹡鸰再一次很无辜地承担起了哺育这个"怪物"的工作。到了第二年，这对白鹡鸰又回到这片爬藤里营建了巢，当它们产下三个或四个卵之后，又有一只杜鹃在它们的巢附近出现了。不过这一次这只杜鹃并没有在它们的巢里产卵，即便如此，这对白鹡鸰还是放弃了这个巢，并且永久地放弃了这片栖息地。

在我的房屋上及其附近的鸟巢里所发现的杜鹃蛋，几乎都是同一种类型的，它们都与白鹡鸰的卵相似。但是，我们也可以在许多不同的鸟巢中找到它们的鸟蛋，比如说鸲、水蒲苇莺和林岩鹨的巢中，它们有可能稀里糊涂地就成了杜鹃子女的养父母。

我有过一次意外的经历，那一次我想把一只水蒲苇莺从它的巢内掳走，但当我偶然一瞥发现巢内还有一个鸟蛋时，我毫不犹豫地离开了，我担心会打扰到它孵化的过程，从而导致它放弃这里。

等我第二个周末回到这里的时候，发现那只水蒲苇莺正俯卧在那里，但是，这次我把它们驱走了，因为我想看一看它到底把鸟蛋孵化到什么程度了，但是巢内还是仅有一个卵。不过经过我仔细辨认之后，发现这是一只杜鹃的鸟卵。

我算了一下日期，如果是这只水蒲苇莺自己产下鸟卵，它现在早已经被孵化出来了。但是现在水蒲苇莺的所有鸟卵都不见了，那就只有一个可能，杜鹃将水蒲苇莺的鸟卵移走了。

杜鹃每年都会把自己的卵产在离房屋很近的鸟巢里，而且接连好几年都会在同一个鸟巢或者同一种鸟儿的鸟巢内产卵。但是上述的案例是我见过的最特殊的一个，那就是巢内竟然只有杜鹃的卵。我不知道为什么这次杜鹃改变了往日的习性，它不仅把自己的卵产在别人的巢里，还把别人的鸟卵移走了。还有一点让我很疑惑，为什么水蒲苇莺会如此心甘情愿地孵化别人的鸟卵，并且哺育其幼鸟。

杜鹃的幼鸟成熟得很快，它会强制驱逐在同一巢中的伙伴儿，自己将巢独占。根据很多事实证据和照片，大家或许对此事非常了解了。詹纳在18世纪就对这个事情做过精确的描述，从此之后，有很多人对詹纳的观点持怀疑态度，并不断通过实验和观察进行验证。

就在詹纳发表这个观点的一百年后，我在一本期刊上阅读到了一篇有署名的信件，这封信仍然对杜鹃幼鸟的这种行为提出异议。这种异议是一种缺少"人为特性"分析的鲜活例子。人们正是缺乏这种"人为特性"的分析，才导致他们倾向于去否定，而不是去探知这种行为。

我们暂且抛开杜鹃的生活习性不谈，来说一下随处可以听到的杜鹃的叫声。有一句古老的英语诗句——"夏季欢歌"——就体现出了人们对杜鹃的喜爱程度。但是有一个例外，那就是前面的章节引述的有关华兹华斯把自己悲凉的心情与杜鹃哭一般的叫声相联系的例子。除此之外，人们都觉得杜鹃的叫声充满了快乐和幸福。

每一年，人们都希望看到杜鹃，因为它们往往出现在一年当中最美丽的时节。虽然它们如哭声般的叫声听起来与大自然格格不入，但是它的声音就跟人的声音一样，都同样将自然界的沉寂打破，并唤起自然界里的其他声音：

> 打破了大海的沉寂之音，
> 一直延伸到那更遥远的赫布里底群岛。

　　虽然我从未在赫布里底群岛待过，也没有在那里听过杜鹃的叫声，但是我在苏格兰西部高山地区的峡谷里发现过杜鹃的身影。7 月份时，那里的杜鹃尤其多。随着季节的推移，杜鹃在叫声上也会耍很多不同的"把戏"，"二倍声高"的叫声听起来直率清晰，但它也有可能被分解成许多并不是那么悦耳的音节。偶尔，杜鹃也会发出一种古怪的声音，听起来像是粗野的狂笑，人们把这种笑声比喻成妖魔鬼怪的笑声。

　　听说在夏末时节，早在幼鸟准备好迁徙前，成年的杜鹃鸟就会离开这片土地。因此幼鸟就失去了成鸟的指导，而开始独力寻找它们迁徙的路径。从表面上看，这个问题确实没有什么好奇怪的，因为在往南迁徙的浩浩荡荡的大军中，所有的鸟儿都会沿着同一路径飞行。迁徙是鸟儿遗传的本能，这也正是促使鸟儿能够为其物种延续生命的一项重要使命。另一个本能就是方向感，它确实让人惊奇不已，因为杜鹃的幼鸟能够在没有任何指引的情况下，沿着其种类的惯用途径迁徙，这种能力可以媲美苍头燕雀在无指导的情况下在第一个季节中营建出一个完美巢的能力。

　　现在我们再来了解一下麻雀。麻雀一直生活在我们的周围，除了在城市里。每天早晨，当其他鸟儿发出悦耳声音的时候，麻雀会发出一些令人生厌的叽叽喳喳的噪声。这种叽叽喳喳的声音非常尖锐，即使在众多嘈杂的声音中，它们的声音依然容易引人注意，把它称之为歌声都会觉得是一种罪过。

　　除此之外，还有它们的巢也非常零乱，它们的邋遢程度让人难以忍受。但是它们只会营建这种宽松随意的巢，其他的一概不会。它们会经常借用屋檐下紧密的结构，然后铺一些稻草形成一个巢。

它们具有超强的繁殖能力，其数量的庞大造就了其强大的破坏力。它们能破坏谷物等农作物，或者叼走番红花的花絮。人们非常讨厌麻雀，因为它们近乎卖弄的不牢靠感让人们心生厌恶。

我经常会在汉普郡房屋前面的草地上放一些食物，很多鸟儿都会到这里觅食，有黑鹂、鸫类、苍头燕雀、红腹灰雀、白鹡鸰、鸲类、林岩鹨、蓝山雀、大山雀、沼泽山雀，偶尔也有一对普通鸸来觅食。这些鸟儿因时常到这里觅食而显得很温顺。它们似乎从人类身上获取到了一定的信心，因此它们并不怕人。

有8对麻雀也会到这里来觅食，但是一旦有人注视它们，它们就不会再出来觅食了。当我躲到树后面，或者走远一点儿后，它们又会飞落下来取食。与其他鸟儿相比，它们显得有些小偷小摸，非常害羞，也非常没有吸引力。

难道我们找不到它们任何值得歌颂的方面？可是，有一点我们是可以肯定的，它们是鸟儿，作为鸟儿就有羽毛，有羽毛就可以给人赏心悦目的美的享受。况且，麻雀对于其配偶和幼鸟有着强烈的感情，雄鸟也会参与到繁重冗长的哺育幼鸟的工作中去。

还有一点值得一提，麻雀聪明伶俐，而且它们的聪慧还具有某种神秘的色彩。人们在用手触摸它们的巢时，它们不会刻意掩藏，相反，它们极愿意用这种以羽毛和稻草为材料搭建起来的粗俗简陋的巢来吸引人们的注意。可是这个情况并没有影响到它们的生存，这又是如何做到的呢？我想最主要的原因是，它们选择了人们不愿意触碰的地方作为自己搭建巢的地方，虽然这种地点不用刻意寻找就可以发现，但是人们为了避免不必要的麻烦，不会主动去触摸它们的巢。

后来我在佛劳顿的一次经历也可以证明麻雀是聪明的。我会在绿屋的篮子里放了一些食物，以便随时喂养那些鸟儿，我将这个习惯保持了好几年。有不止一对的苍头燕雀在绿屋的附近营巢驻扎，但是它们从没有发现那里有食物。

三年前，有一对麻雀在花园里驻扎了下来。因为绿屋里不养马了，所以它一直都是空荡荡的。虽然它们的巢距离绿屋的食物篮有 50 米远，但是，它们发现这个食物篮的时间并不是很长，很快它们就通过屋顶的天窗在绿屋进进出出了。一旦有人进入到屋子里，它们就会从天窗出口飞走，而且从未迷失过方向。尽管苍头燕雀和麻雀一样喜欢用柔软的食物来喂养幼鸟，但是，这个通道是苍头燕雀从未发现过的，虽然麻雀已经不止一次地向它们展示这个通道。

以前在英格兰的北方地区，一个商人被要求对表现突出的员工进行工作能力方面的评价，人们问他："X 怎么样？"他回答："X 不会过分地叹息过去。"这种话也适用于麻雀，因为麻雀也不会过分地叹息什么。虽然人们敌视它们，但是它们身上所具有的才能、家庭美德和强健的身体，让它们的数量是如此繁多。

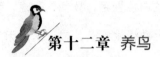# 第十二章 养鸟

这是一个好奇心泛滥的时代。好奇心充斥在人类社会里，人们对那些在公众面前抛头露面的名人们的隐私充满了好奇，鸟儿与这些男男女女一样，成为了人们猎奇的目标，世人的目光一直注视着它们。并且，人们对于这些内容的关注和好奇程度早已经超越了从前。

有很多书籍，比如说帕克特先生撰写的《英国鸟类》和《爱尔兰自然学家》，都介绍了一些生活在我们身边的鸟儿的生活情况，比如说鸰和鹪鹩。毫无疑问，虽然我们在这些方面需要花费大量的时间和精力，但是其观察结果不仅让我们极大程度地了解到了一年四季中鸟儿的生活情况，而且也使我们对它们产生了浓厚的兴趣。

我个人主要对鸰的生活进行了观察和了解，并且好几次我都与几只不同的鸰建立起了良好的关系。这中间我没有掺杂任何科学观察的目的，而仅仅为了用一种无拘无束的状态和它们亲密接触，并从中获取生活的乐趣。这几只

鸲一般不在我住所的附近活动，而且也不愿意受我的引导或者影响去过一种人工喂养的生活，更不愿意被圈养起来成为家禽。虽然我每天都会向它们提供一些食虫，但是它们每天也只出现一次，并且每一只鸟儿都恪守在自己的领地里。言归正传，给它们提供食物是唯一一个能干扰它们正常的生活习性的办法。

我用手喂养的第一只鸲，右翼上有一根短小的白色羽毛，凭借这一点，我可以很容易将它辨认出来。这根白色的羽毛基本上会终生不变，或许这是因为它们从来不换羽毛的缘故，也有可能是因为每一次换毛过后它又会很快长出来。

池塘一头两侧的地带都是它的领地，池塘约有十米宽，两岸灌木丛生、参天大树林立。这只鸟儿在池塘的每一侧都有一个狭长的领域，但是看起来西侧的领域要比东侧的领域大一些。

在1921年到1922的冬天里，我会用盒子装满鸟儿爱吃的食虫，然后用手托着食盒，拿到它的领地里去喂它。甚至还会在它营巢繁殖的时候，给它的幼鸟喂一些食虫。大约7月中旬的时候，它会从这里消失，我想要再见到它只能等到8月份了，它会在那个时候主动出现在原来那片领域里，并且跟往常一样停落在我的手上。

它是一只温顺的鸟儿，但也是一个"独行侠"。这种情况一直持续到1923年的春天才得以改变，我看到一只雌鸟搬到了这片领域里。雌鸟的叫声比较细小，而且雌鸟就像一只嗷嗷待哺的婴儿一样，享用由雄鸟从我这儿取走的食物。但是当雄鸟不在的时候，我拿出盒子站在它们的领地里，这只雌鸟只是在灌木丛中发出细小的叫声，而不会过来取食，直到雄鸟出现并从我这儿取走食虫来喂它。雌鸟从未亲自飞到我这儿来取过食。

1924年7月过后，它们在繁殖期过后又消失了，但是它们在8月份的时候又回到了这里。雄鸟的那根白色羽毛依然如故，或许它经历过换羽，但又重新长出来了。我基本上是靠这根白羽来辨认它的，因此便将它取名为"白羽"。不过这一次它的出现却引来了领地纷争，因为它东部的领地被另外一只鸲强占了，于是"白羽"只能局限在西部一侧的领地活动。有时候它吃饱了，却依然在我的手上长时间停留，以致后来我必须将手轻轻一挥，才能送它回去。

1924年末的一天是我最后一次见到"白羽"的日子，那天它在同一地点再一次飞到我的面前接受我的喂养，之后便消失了。后来我发现在同一时间，它的领地被另外一只鸲占据了。我认为"白羽"是被人赶到一个更远的地方去了，于是我就抱着希望去找，但是遍寻无果。我开始为它担心起来，我怕它是与其他鸟儿争斗之后壮烈牺牲了。

我观察的另外一只鸲也有类型的习性，不过还是稍有差别的。

中午的时候，人们会在另一个水塘旁边的白色椅子上喂养水禽，椅子右侧的不远处就是一簇丛生的山茱萸。1924年，我在这里喂养起了一群鸲。雄鸟会经常停落在我的手上并叼走手上的食虫，但是雌鸟只是在我的手上稍作停留，便以非常快的速度从我的手上叼走一条食虫，然后飞走，它们的这种表现看起来像是在抢东西。

春天到来的时候，雌鸟便不再亲自取食了，而是停留在山茱萸丛里发出阵阵悲鸣，雄鸟则负责起喂养雌鸟的工作。再后来，雌鸟停止了到椅子这边的活动，雄鸟则会从我手中取走好几条食虫，然后带着这些食虫飞越池塘的水面，到达相距这里一百多米的树丛里。它频繁往返于两地之间，只是为了获取更多的食虫。我知道它们的巢就在那片树丛里，但是我从未想过要去一探究竟，因为这么做极易将它们的天敌引来。

7月份的时候，它们离开了这个地方，想要再见到它们只能等到9月份了。我根据它的意愿将喂养它们的地点从椅子边搬到了它们巢附近的灌木丛里。它还是一如既往的温顺，而且有几天它也试图飞到我所坐的椅子这边来。但是这片山茱萸由另外一只鸲占据着，一旦它飞过来，就会引起一场猛烈的攻击。最终它放弃了到我这边来的念头，其实，我知道它这么做的原因是想让我离山茱萸丛里的"悍妇"远一些，到灌木丛这边来喂养它，以确保它的安全。

这样从秋天一直持续到冬天，直到冬天结束，我从没见过那只山茱萸丛里的鸲飞到我的手上接受我的喂养，因此我不能确定它是不是春天里的那只雌鸟，或者根本就不是雌鸟。

到了 1925 年的春天，那只温顺的鸲再次飞到我椅子这边来了，并且它竟然可以飞到那片茱萸丛里去喂养它的配偶了。我猜想它的配偶有可能就是秋天里的那只"悍妇"，也就是那只整个冬天都霸占着那片山茱萸丛，并驱赶过它的那只雌鸟。但是因为我从没有喂养过那只雌鸟，而且它也无任何明显的标志，我无法确定它是不是原来的那只。

筑巢期到了，如以往一般，雌鸟消失在人们的视线中，我最后一次见到那只雌鸟的时间，是那一年的 7 月份，尾随其后的是两只身上带有斑点的幼鸟。虽然它会从我手中的盒子里取食喂给这两只幼鸟，但是它看上去更像是要摆脱这两只幼鸟，而非喂养它们。

换毛期过后，在 1924 年它驻留过的那片灌木丛中，我又一次见到了它，而且这次的情况跟去年几乎一模一样：它再一次被驱逐到了椅子这边，并被禁止进入山茱萸丛。这种情况一直持续到 1926 年才得以改善，它被恩准进入那片山茱萸丛，并担负起喂养雌鸟的职责。

"麻烦"在 4 月出现了，这只鸟儿胸部的羽毛非常凌乱，而且它连续好几天都坚守着自己的领地。我仍然坚持每天喂养它，直到有一天没有任何一只鸲飞到我坐的椅子这边取走食虫了。一只鸲在离我不远的一棵小树上高声鸣叫，我端着盛有食虫的盒子站在树下并把盖子打开冲着它，很明显我是徒劳无功的，因为这只鸲仍然以一副近乎卖弄的姿态站在树上高歌，显然，这名"陌生者"对于我所做的一切动作都视若无睹。之后，我再也没见过那只飞到"白椅"这边来的鸲，这只新来的鸲也从未接受过我的喂养。这些事情形成了一个新的佐证：

　　道理如斯简单，安排遵从古法，

　　即，制于人者为强权，

　　而食于己者为自力。

　　但是，我一直不清楚是不是这只"霸主"将其配偶以及那只温顺鸲的领地都一起霸占了。

　　在 1925 年到 1926 年的冬天，我喂养的鸟儿除了这三只"白椅"鸲外，还有另外三只鸲。它们的领地是相互比邻的，而且就是在一片巨大的灌木丛处相互衔接。有时候，它们当中的两只或者三只会一起到这片灌木丛中来。一旦这种情况出现，无论何时去喂养它们都是不可行的。

　　当其中的一只鸟儿停落在我的手上取食的时候，另外一只鸟儿就会攻击它。我很厌烦这种无休止的"战争"，因此不得不每次都设法走到它们各自的领地里去单独喂养每一只鸟儿。根据我的判断，这三只鸟儿中有一只是雌性的，因为它会以非常快的速度从我的盒子里叼走食虫，而另外两只则是悠闲地停留在我的手上享用它们的美食。

　　7 月份的时候，两只雄鸟中的一只，会在绿屋东侧的领地里居住下来。这是一只非常讨人喜欢的鸲，而且还很温顺。它会在一棵大枫树高高的枝头上歌唱，不过这种歌声会在我取出食盒的那一瞬间停止，在一个短暂的沉寂时间之后，它就会飞过来停落在我的身上，直到吃饱，它才会重新飞到那棵大枫树的高枝上继续歌唱。如果它看到我在绿屋里，就会经由房子上的天窗飞到我面前。有一次它在连续吃了好几条食虫之后，竟然停留在我手上高歌起来了，充沛、响亮、清脆而持久的歌声，对于近距离的我来说，简直震耳欲聋。

那只"白羽"也时常会在离开我手掌之前鸣叫几声，不过，它是唯一一只把我的手掌当作歌唱舞台的鸲。对于它是否有配偶我不得而知，不过它在4月份的时候就悄无声息地飞走了，而它的领地并没有被任何其他鸟儿骚扰。

据我猜测，另外两只鸲中"抢食"的那一只可能就是雌鸟，它们结成了夫妻，因而它们那两块比邻的领地也就合并在了一起（在此我想要提醒大家，"白椅"鸲之间虽然有纷争，但是在生育繁殖期到来的时候，它们的领域就会合并起来）。这跟以前国王娶妻的习俗有点像，一个国王一旦迎娶了邻邦国王的遗孀或者公主之后，这两个王国就会合并成一个王国。

现在我正着手写这本书，我也想趁此机会对这两只鸲多做一些观察以充实此书的内容。1926年1月末，这两只鸲对彼此的态度开始有很大的转变，虽不至于用"友善"来形容，但是它们能彼此容忍对方了。它们的领地范围一直向西延伸到绿屋的西墙角。在花园出口处的正前方，有一个由紫衫修剪而成的四方座基。一开始它们会通过争斗来决定谁才有资格站在座基顶部。但是到了1月末，这种情况有所改善，它们可以容忍对方在同一时间站在同一地点。我在那里也试图用手一起喂养它们，可是当其中一只鸲过来取食的时候，另外一只休想加入，因此它们是轮流到我手上来取食的。它们此刻的行为更像是一种牵强的包容，仿佛它们是源于某种自然界的压力，才被迫放弃心底对对方的讨厌和敌意。

3月份到来的时候，雄鸟开始喂养雌鸟了，即便到了这个时候，它们的表现仍然缺乏感情。雄鸟虽然很勤勉地喂养雌鸟，但是略显敷衍，似乎这只是它不得已而为之的行为，而非出于爱，它也不会做任何示爱的动作，可是雌鸟也没有任何巴结讨好的意思（这点在其他种类的雌鸟身上也是常见的）。

雌鸟只是发出一种细小的叫声，这种叫声对于雄鸟来说只不过是对食物需求的表示。

有一处浓密的常青藤，紧挨着小花园的院墙，离地面 2.4 米高，且离紫杉丛有 50 米的距离，它们的巢就营建在这里。4 月 23 日，我已经可以听到幼鸟的叫声了，并且成鸟也开始忙碌着喂养它们，偶尔它们会一起飞到我的手里，并取走食虫。但是雌鸟的表现还是跟抢食似的，而不像雄鸟那样从容安详。

直到 5 月 11 日的时候，成鸟还是继续喂养这些吵闹的幼鸟，不过这时候这些幼鸟已经可以飞行了。

5 月 15 日的时候，雄鸟又开始喂养雌鸟，有一只幼鸟出现在紫杉树的底下，并且由其表情可以看出它是想得到亲鸟的喂养，可是亲鸟丝毫没有注意到幼鸟。5 月 16 日，只有雄鸟出现，但是它丝毫没有要取食的意思，不过有两次它飞到我的手上叼去了两条食虫，我想它是用来喂养躲在一旁的雌鸟吧。

5 月 23 日，这两只鸫又一起出现在绿屋里面（它们就像几周前一样，是跟随我从门口飞进来的）。雌鸟在这里还是接受雄鸟的喂养，但是偶尔雌鸟也会从我手里亲自叼走一条食虫。5 月 24 日，这次还是只有雄鸟出现在我面前，但是它只是站在紫杉树旁边的柏树上唱歌，而且一开始的时候还对我手中的食物不屑一顾。但是最后它还是飞到了我手上，并飞快地从我手中叼走不止一条食虫，然后飞走了。它的一系列动作显示，它正在喂养另外一只鸫，我猜可能还是那只雌鸟。

5 月 24 以后，这两只鸫都不见了。当它们的换毛期过后，有一只鸫再次出现在这片领域里并放声高歌，但是它一点都不在意我手中的食虫，似乎它还很害怕，显然这只鸟儿是新来的。我又开始担心原来那两只鸫的命运了，我害怕"白羽"和"白椅"的命运会在它们身上重演。可是这对鸫究竟下场如何，已经成为一个困惑我长达6个月之久的不解之谜了（本章结束时还会对这对鸲作进一步的介绍）。

我的经历告诉我，所有的鸲都是可以被喂的，我个人这么认为。

一开始我们可以在地上撒一些面包屑来吸引它们，而后再喂养一些食虫，再接着就可以在地面上放一个盒子（比如说用来盛放糖果的金属盒子），在盒子里放一些食虫后打开盖子朝向它们，当鸟儿逐渐熟悉这个盛有食虫的盒子后，就可以蹲下来用手托着盒子并把手指伸向盒子开口的上方。显然这个步骤是最难的，也最为关键，但是雄鸟还是愿意冒着生命危险来到盒子里取食，然后它们就会看到伸出的手指并停落其上。最后一个步骤就是让鸟儿离开地面站到手上取食的，相对而言这个步骤还不是很难。当天气恶劣的时候，或者鸟儿饥饿难耐的时候，这个过程只需要花费两三天的时间。并且这个过程一旦顺利实施下来，这些鸟儿就会保持接受人类喂养的习惯了。即使是天气变好或者是食物充足的时候，它们还是选择信任人类，因为信任一旦建立起来，就很难丢掉了。

鸲取食的方式大概是这样的：首先它们用喙先叼起一条食虫横放在嘴里，然后停留一两秒后，这食虫就突然不见了，它们吞咽的速度之快，以至于人们根本无法看清楚这一动作。当第一条食虫被吞食下去之后，它们很快就会再吞食第二条食虫。不过在此之后，它们会间隔较长一段时间，而在这段间隔的时间里则安详地站在人们的手上。天冷的时候，这种停留时间会很长，虽然人们会因此觉得有些许不快，但是很少有人愿意去惊扰它。大多数情况下，它吃的最后一条食虫会被带到灌木丛中或者地面上吃掉，这个动作说明它已经吃饱了。

我所发现的那四只鸲非常亲和，因此我保持着每天到它们的领地探望一次的频率，并且还会喂养它们，这也是我一天当中比较有意义的事情，而且我从中获取了很多乐趣，也消遣了时光。通常一只鸲要吃下9条左右的食虫，但是在大自然食物充足的前提下，它们吃下四条食虫之后就饱了。据我所知，有一只鸲保持了最多食虫数量的记录，它站在我的手上吃下了 21 条食虫，而且每一条食虫都是被活生生的整个儿吞下的。数条食虫下肚之后，鸲会在此后作较长时间的停顿，我们可以理解为它们是在回味食物。

鸲的叫声中有一种非常细小的声音，但是声调颇高。这种声调就像是弓弦在一根单弦的小提琴拉过的声音。这种叫声是一种抗议声，当其他鸲靠近它们的领域时，它们就会发出这种愤怒的叫声。不过它听起来并不像是鸟儿单纯发出的警告或挑战的声音，更像是发自肺腑的情感表露。鸲往往在受到猎捕的时候，会发出这种声音。

还有一种是颤动式的叫声，与能量充沛时的鸣叫不一样，它听起来更加细小。这种声调听起来非常甜美，可事实上它吹响了"战争的号角"，一般是对邻邦的鸟儿发出的警告或者挑战，我们也可以这么理解，它要么是"下战书"的叫声，要么是对邻邦鸟儿的挑衅作出回应的叫声。当它们停落在我的手上时，我经常可以听到它们发出这种颤抖式的声音，我想大家已经非常清楚这其中的意图或者原因了。

"鸲鸲相争"是一件非常残酷的事情。1 月份的某一天，寒冷的天气中，"白羽"闯进了我喂养的另外一只鸲的领地里，刚好那只鸲正停落在我的手上接受喂养。于是我就目睹了这场激烈的战斗，我在战斗结束后的雪地上看到了很多散落的黑色羽毛，但是它们战斗的时候我并没有见到如此多的羽毛掉落。我想可能之前在这个地方有其他鸟儿被杀死过。

1924 年 1 月份，天气异常寒冷。当我在给一只温顺的鸲喂食的时候，看到了一只煤山雀。它正停落在一片离我非常近的灌木丛中，全神贯注地看着鸲从我手中取走食物。

我连续数天对这只煤山雀进行诱导，很快它与我建立起了信任关系。但是它取食虫的方式和鸫有所不同。它会先停在我的手上，挑选一条食虫并飞到一根树枝上，然后它在树枝上用爪子踩住这条食虫，并将食虫撕成片状后才开始享用。如果将我食虫剁碎，放在盒子里喂它，它则会停在我手上将食虫一点一点吃下去，但是如果有一整条食虫，它还是会将其叼到安全的地方，然后再慢慢吃下去。当我们的友好关系日益增进的时候，这只山雀慢慢有了这样一个习惯：它会在 棵巨大的落叶松上等我出现，而这棵树就靠近绿屋的出口，因为我会经常托着食盒从出口处走出来。

有一天下午，我喂养了这只停落在落叶松上的山雀后，就到了一处距离我200米的林地上。这里的月桂树看起来有些生长过度了，于是我开始用锯来清除它们。这时我感觉到有一只煤山雀在盯着我看，于是我停止了锯木的工作，并拿出敞开的装有食虫的盒子，这只煤山雀立刻飞到了我的手上。在我工作的这一个小时内，这只煤山雀就一直陪伴着我，我偶尔也会拿出食虫来喂它。当我离开这片月桂树丛的时候，它竟然尾随我到了那棵落叶松前，我在进屋之前再一次喂了它。

我本以为我与这只煤山雀的友好关系会长久，而且当它有配偶并开始营巢的时候，我还特意准备好几个盛有食虫的盒子，我想以此来吸引它和它的配偶。但是春天来临之前，我就再也没见过它了。在这些方面，鸫和山雀的表现截然相反。在无干扰情况下，这只山雀可以跟着我去任何一个地方，但是鸫却从未如此。并且当一只鸫侵犯到另一只鸫的时候，它们就会陷入一场争斗中。

我的妻子曾经驯养过一只鸲鹟，并且将它放在家里饲养起来。这只鸲鹟经常从她的手中取食。令我们感兴趣的是，鸲鹟取食的方式和鸫的温顺方式不同。鸫会不礼貌地径直飞到食盒处取食，而鸲鹟则悄然地迂回地到达食盒处。

持久的乡村生活，能让人们获取较多的喂养野生鸟儿的机会。我知道一个非常出名的花园，虽然我自己从未有机会去看一看，这个花园之所以出名是因为其主人具有良好的耐性和固定的习惯，并凭借这两个特性与很多鸟儿建立了非常密切友好的关系，我觉得这是一件非常神奇的事情。

在伦敦能看到更多无拘无束的温顺的鸟儿，这一点乡村是无法比的。黑头鸥是一种彻头彻尾的野生鸟儿，但是每年的秋冬时节，我们还是可以在敦伦的街头见到它们，而且它们会从人类手中叼走食物，甚至是"抢走"食物。

还有几种比较有趣的水禽鸟儿，最有代表性的就是潜鸭和凤头鸭。它们会近距离地出现在人类周围，并且表现出一幅自由和无拘无束的样子。会主动吸引人们注意的鸟儿是麻雀和林鸽。我们偶尔会在伦敦见到一些深谙鸟儿沟通之道的人，我之前在公园就碰到过这样一个人，那一天他刚好用手在喂养一只麻雀，我则一直站在旁边观察他，在他附近几米远的地方刚好有一只林鸽在四处活动，于是我就问他："你能把那只林鸽也弄到你手上来喂养吗？"

"当然可以。"他说完就做了一个动作，转身朝向那只鸟儿，并伸出手来做了一个手势，整个过程显得别有用心却非常平静。

我见到那只林鸽真的飞了下来，并落在了他手上，用喙从他的手中取走了食物。我和那个人进行了愉快的交谈，然后又听他讲述他亲身经历过的非常有意思的事情。我们分别后，我深深地意识到，这里有一部分人深爱着大自然，并且能够从这里获取到在乡间野外所不能获取的满足感，这也是我从那个人和林鸽之间建立起的深厚的信任关系中看出来的。

大家可能会对喂养山鹑的心得比较感兴趣。一只矮脚鸡孵化了这群山鹑的卵，完成孵化后，这只矮脚鸡和这群山鹑幼雏被一起关进了鸡笼。白天的时候，为了能使这群小山鹑过上一种自由自在的生活，我们会让它们尾随着其"养母"在院子里到处游玩。如果想让这些鸟儿乖乖接受用手喂养，需要花费很多工夫去照料和关注它们。但是如果它们的"养母"非常温顺的话，这种喂养的难度就会减弱。

幼鸟的早期阶段会在这里安然度过，但是山鹑长得越大，麻烦也越大。它们的本性会让它们更喜欢栖息在外面自由的世界里，好像这样可以获取人们更多的尊重。这只矮脚鸡也是如此，它也喜欢栖息在灌木或者树木上。这样一来，想要让它们乖乖归巢就变得有难度了。

接下来的几天里，有一只棕鸮趁人不备从窝中捉走了好几只幼鸟。多年前也发生过类似的惨况，一窝鸟儿有 16 只，其中一半被盗走了。每天，鸟儿们都会飞过花园的护栏到另外一处长满树木的野地里栖居，到第二天的时候我会发现它们的数目又减少了一个。地上的羽毛证明了这里就是案发地。我曾在屋顶上发现三副山鹑的骨架，上面还附有一些羽毛，每一具尸体都是呈朝天仰面状，并且被叼食得干干净净。我确信棕鸮就是罪魁祸首。

在我喂养山鹑时，每次当它们发育到了这个程度时，都会有不同程度的损伤，但是当它们完全长大后，这种情况就不会再发生了。我想这是因为它们已经具备了越过高高的大树到更为广阔的野外栖居的能力，于是便能够摆脱棕鸮的魔爪了。可是也有另一种情况，长大后的山鹑已经不是棕鸮所偏好的猎物了。

我在这里还是要提一下那 8 只幸存下来的山鹑，它们是我见过的最温顺、最讨人喜欢的鸟儿。我早在十五年前就写好了有关它们的介绍，因为当时我想就某位朋友对野生山鹑的描述作一些补充。我从当时投稿给《大地》的稿件中节选一段文字给大家：

这窝山鹑的数量有 8 只，它们一点点长大，但是它们对人类的恐惧并没有因此而增加，这为我观察它们的生活习性提供了很多便利。有一棵雪松位于草地上，它延伸出来的大枝干遮盖了很大一片面积。偶尔人们会在这里见到其中的两只山鹑围绕着大雪松做反方向的飞行运动。当它们在飞行中"狭路相逢"的时候，还会爆发争斗，戈登先生曾经就此作过描述和介绍，这是它们众多行为中的其中之一。事实上，这些行为在它们的生命中占有非常重要的地位。

当天气炎热干燥的时候，它们会在花丛中戏舞，这种场面是非常吸引人的，人们时常驻足观看这种美妙的情景。偶尔人们会看到这样的情景：一只山鹑侧卧在干燥的土地上，睁大明亮的眼睛向上张望。但在它的眼神中丝毫看不出任何对这种天气的恐惧。

当太阳下山的时候，晚风吹起，它们就会跑到草地上去，并在此作短距离跑动，伴随着一阵欢快的呼叫。接着它们会进行一段较长距离的飞行，飞越低矮的灌木和树丛，飞越繁茂的野草地，然后在此降落下来并栖息。那是一片完全自然生长的草地，但是与花园的距离较远。在这一段"远途"中，它们会警惕着不留下任何可以让天敌追踪到的痕迹，以避免更多的危险。

每天的傍晚时分，野生山鹑们都会严格执行这样一整套的程序。"或许这几只山鹑所有的活动方式，就代表了野山鹑天然的生活习性"，对于这个观点，我不存在任何怀疑。这些乖巧的鸟儿会在清晨时分再次回到花园中来。

但是到了 10 月份之后，它们就不会再待在一起了，它们会逐渐和其他的野生鸟儿结合在一起，也因此打破了回到花园中的正常规律。似乎它们身上有某种不可抑制的冲动，这种冲动会让它们极力想改变现在的生活环境，其程度之强烈以至于它们最爱的食物——大麻种子也无法留住它们，它们已经慢慢适应了大自然里的食物。

有一年，有一窝山鹑成功地移居到了一个离人类的住所 600 米远的地方，它们每天都会到这个住户的家中去寻找食物，一直持续到它们进入配对期。即便如此，它们也从未因此遭受过天敌们的追踪。

配对期之前，有一窝温顺的山鹑一直留在这里，或者说有一对山鹑在花园里筑巢，并产下一窝更为温顺的鸟儿，这是一件多么美好的事情，但事实上，我从来没有遇到过这种事情。

　　我在1925年喂养的那窝山鹑，它们在一整个冬天里都连续不断地造访我的花园，并且从我手中取走食物。9月末的时候它们离开了，但是有人在距离这里四分之三英里的房屋附近发现了它们，那是一个护林人的房屋。我在那里逮住了它们，并用笼子将它们带回到了花园里。看起来它们此次"逃跑"是为了满足它们迁徙的本能。不过此后它们依然会在傍晚时分飞走，然后又在第二天的某个时段回来。

　　到2月份，这种规律被打破了，最后它们都离我而去。虽然有一只鸟儿留下来继续接受我的喂养，但是后来它找到了配偶，也在4月份的时候飞走了。生育繁殖期过后，我喂养的所有山鹑都离我而去，并没有眷恋我的喂养。我想是它们野生的伴侣唤醒了它们的野性。可是我能从水禽身上找回安慰，因为水禽在这一点上与它们截然不同。这种温顺的鸟儿即使在生育繁殖期后，依然会经常回来，并且还是一如既往的乖巧和听话。有时候它们还会带来或者吸引来其他野外的同类，可是这并未使它们的野性被唤醒，相反其他野生的鸟儿会受它们的影响，表现出乖巧听话和接受人们喂养的品行。

　　当野外的山鹑跟着驯养听话的山鹑飞到花园中来的时候，同是被驯养的山鹑和水禽之间有一种显而易见的差异。驯养的山鹑会受野外的山鹑影响，它们打乱了原来平静的生活，并且开始被诱导不回到花园里来。

　　在这么多的例子中，我依然惦记着那一窝完全由幼鸟组成的温顺山鹑，野外的山鹑与之相比，缺乏了窝群生活的经历。野外山鹑的这种缺失，会使得它们出于本能想要窝群生活，从而去霸占那些温顺的山鹑的巢，它们的年龄和阅历让它们在这一过程中占尽了优势。

而水禽却没有窝群生活的本能问题。这些温顺水禽都已经长大，而且它们中的一部分还有野外生活的经验，但是野生水禽没有那些在山鹬身上所体现出来的欲望和力量，也就无法诱导并影响那些温顺水禽的生活了。

　　前面引述的那篇文稿给我们一种暗示，那就是傍晚时分山鹬的飞走是出于自我保护，野外栖息必然使它们逃脱守候在树篱护栏上的天敌的追踪，它们那种特有的飞到栖息地的方式就是为了不给天敌留下任何蛛丝马迹。

　　这些温顺鸟儿会被任何一个异常的手势及动作激怒或者吓到，不过它们似乎只会通过衣服来辨识那些招惹它们的人们而非其他东西，但是鸻对衣服装饰的敏感度不高，无论什么人拿着装有食虫的盒子，它们都会飞过来取食。如果我穿着黑色的衣服去喂养水禽，虽然我的手势和哨声与之前无异，但是这些水禽依然少了之前的温顺。尤其是到了夏天，日长夜短，太阳下山的时候，这些鸟儿的喂食就要到晚餐后才可以进行。这个时候如果我是穿着晚礼服进餐的话，需要在外面再套一件色彩明亮的外套以作掩盖。

　　我在汉普郡的时候，有一对燕子经常在走廊的橡木上营巢。

　　一天下午，我听到从巢内传来幼鸟嘶鸣的声音，于是我搬来梯子想要看看巢内的幼鸟是否安然无恙，我爬上梯子的动作刚好被赶回来喂养幼鸟的雌鸟看到，于是我主动撤了下来，并搬走了梯子。

　　但是接下来的几天里，无论我什么时候在院子里出现，这两只燕子都会在我头顶上方来回低空盘旋，并伴有非常不好听及充满愤恨的尖叫声。它们就在我帽子上方不远处飞行，我的帽子难免会被它们碰到。第二天我换了一身与前一天色彩差异较大的衣服，这对燕子居然对我不注意了。第三天，我又换回了原来的那身衣服，只要我出现在院子里，它们就会对我进行骚扰，而且这种情况一直持续了很久，但是这对鸟儿却对其他出现在房屋周围或者走廊上的人视而不见。

这件有趣的事情给了我很大的震撼。在这个偶然实践中，鸟儿竟然表现出对一个人如此巨大的愤怒，并且它们识别的方式完全是靠当事人的衣服。

下面是关于一对温顺的鸲重现的说明：

1926 年 5 月这对鸲消失了，到现在为止已经有 6 个月的时间了。此间它们毫无音讯，甚至再也没有任何一只温顺的鸲出现在这里。11 月份的时候，有一只新鸲来到这个地方，它从远处池塘的上空传来到达的讯息。在绿屋里是没办法看到它的领地的，从绿屋到它的领地的距离有 300 米左右。

11 月 22 日，我将那个盛有食虫的盒子装在口袋里，我想继续对这只鸲进行"教育改造"，它还从未从我手中取走过食物。

在我刚离开绿屋的时候，灌木丛中有一只鸲主动出现在了我面前，看起来它很兴奋并充满期待。于是我打开盒子并朝向它，它立刻飞到了我手上，开始吃盒子里的食物，它在我手上停留了好长一段时间，有时候还会发出一串震颤式的声音，仿佛正在对远方的某一只鸲示威。

6 个月后，我竟然能够再次感受到鸲用纤细柔嫩的足部抓着我手指的感觉，这种幸福的感觉是无与伦比的。这只鸲表现出来的一系列行为方式，与春天在这片领地里营巢的那对鸲如出一辙。我非常想知道在这一段时期内，它究竟去了什么地方。但是我敢肯定的是，它一定不在这个地方，因为从 8 月份到 11 月份这段时间，我会经常拿出盛有食虫的盒子，到每一块领地及其临近领地，以此来检验每一只出现在这里的鸲，但都不是它。

我所做的一切都是徒劳，因为每次当我靠近的时候，鸲都会被我吓走，而且我还没想出什么办法可以让它们觉得饥饿。

因此我得到一个结论，这只鸲就是原来那对经过驯服的鸲之中的雄鸟，距离上次在 5 月份见到它，已经有好长一段时间了。

两天后，又有一只鸲出现在绿屋附近的紫杉树上，而且它还会从我手中的盒子里"抢走"食虫。虽然它就是当初那对被驯服的鸲中的雌鸟，但是此时它们还未配对在一起。这只雌鸟在经过一番争斗后最终占有了绿屋，而雄鸟的领地就在比邻的西部。雄鸟经常会跟着我偷溜到雌鸟的领地里，但是每一次它都是失败而归。有时候当雌鸟飞到绿屋中去时，雄鸟会趁机想要停落到紫杉树上等我去喂养，但是每次雌鸟在绿屋中发现它，就会从屋顶的天窗里飞出去，然后像一个"泼妇"一样将雄鸟赶回自己的领地里去。在一整个冬天里，我每天都在喂养它们。

2月9日，这只雄鸟终于被允许进入这片领地，并且它们能在紫杉树上和平共处了，它们相距不过数英寸，却没有起争执。

春天终于到来，这两只鸲再次出现在了这里。我有时候会见到这四只鸲之间的争斗，我对此深表疑惑。我想在这对新来的鸲中间，至少有一只是接受过人们喂养的，因此我不能够确定这只雌鸟是否更换了它的配偶。4月份还未到来，我就看到它开始接受雄鸟的喂养了。

我还是要不厌其烦地说一下现在（1927年4月24日）这对鸲。去年小花园墙上的常青藤里就是它们巢的所在地，也就是曾经营建过巢的地点。现在它们的幼鸟发出嗷嗷待哺的声音，而且这两只亲鸟还是用和去年一样的方式从我的手上取走食物。

对于"雄鸟"和"雌鸟"这种叫法，我已经非常自信地使用过好几次。在此我想向大家好好解释一下，我是根据鸟儿唱歌的持久性和具有喂养其他鸟儿的行为这两点来判断这只鸟儿是雄鸟的，这已经成为我鉴别鸟儿性别的一个方法了。

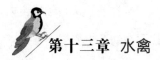

第十三章 水禽

　　我曾在 1921 年的时候，向一个自然学家协会递交过一份资料，是关于我在佛劳顿圈养水禽方面的资料，当时我认为这份资料过于专业化，应该没有人对它感兴趣，而且我认为将此收集成册，然后大量出版发行是不可能的。但是我却从这本书（《佛劳顿文集》）的书评中了解到，人们对于水禽这章的内容出乎意料地感兴趣。

　　我并不想在此重复那本书中的内容，不过距离它出版发行以来，已经有五个年头了，这中间又有很多事情发生，并且我也进行了更多的观察和了解，因此我想，如果我在这里再讨论一下这方面的事情，大家可能会有更多的兴趣。

　　据说，在每一种水禽中，雄鸟的地位都是不高的，而且两性个体的羽毛色彩都是一样的，雄鸟还会帮助雌鸟去抚养后代。这种观点经过我后来的一次亲身经历和观察的验证，证明是对的。

　　1926 年，我在佛劳顿观察到这个例子，我认为是相当具有说服力的。我在距离池塘边大概有 50 米的地方，放置了一个大体积的箱子，并让箱子的边缘靠近一处花坛。这个箱子后来被一种智利鸭占有，它们选择在此营建巢，虽然这个巢靠近去花园的必经之地，但是因为箱子上密密麻麻的树叶将其遮盖得非常严实，因此人们很难发现它。智利鸭则通过箱子底部的一个孔洞进出。

5 月份的时候，它们在巢中产下了 7 个卵，并孵化出了幼鸟。那个时候雄鸟和雌鸟在一起照料它们的幼鸟，而且雄鸟也像雌鸟一样寸步不离，倾尽全力，最后有 4 只幼鸟被哺育成大。我借着亲鸟的帮助，让那些幼鸟也变得训练有素，非常温顺，并且也可以从我手中取食了。不过我要声明一点，我从来没有修剪或者捆缚过这些幼鸟的翅膀，因此它们依然可以过自由自在、无拘无束的生活。

到了 7 月份，这些幼鸟已经能够飞行了，我发现雌鸭再一次在原来的那个巢里俯卧了下来，并且脱去了身上厚厚的一层羽毛，这说明它再一次进入了生育繁殖期。这一次它依然是产下了 7 个卵，8 月 5 日，雌鸭将所有的卵都孵化了出来。跟之前的情况一样，在这次孵育过程中，雄鸭还是非常专注和投入。这一次幼鸟中有 6 只被抚养长大。待所有的幼鸟都会飞行之后，这个大家庭便宣告解散。

在一年之中孵育两窝幼鸟，对于野鸭这种鸟儿来说是非常罕见的，我想这种情况是不会发生在那些雄鸟地位较高的鸟类身上的。上述的例子不仅说明了雌鸭具有用之不竭的精力，同时也说明了智利鸭的雄鸭具有非常强的"家庭观念"。通常在 5 月末 6 月初的时候，地位较高的雄鸟对其配偶的态度都是淡漠、沮丧和缺乏兴趣的。但是智利鸭在整个夏天都保持像跟春天一样的充沛精力和殷勤态度。

综上所述，我们可以得出这样一个结论：对于雄鸟处于较低地位的物种来说，这或许就是它们的优势所在。雄鸟的关心和照顾会让它们幼鸟的成长多一份保证，它们会早早地替雌鸟分担照顾幼鸟的责任。

但是这个结论却不适合用在野鸭身上，其中就包括绿头鸭，当然还有许多其他的鸭种。各大洲都可以见到这种野鸭的身影，即使在澳大利亚也一样。似乎绿头鸭的不同鸭种之间都有密切的亲缘关系，它们都属于"鸣鸭"，雄鸭的叫声比较轻柔，和雌鸭的叫声很像，都是类似于"嘎嘎"的叫声，这一点成为了区分绿头鸭和其他种类的鸭子的依据。在其他种类的鸭子中，雄鸭的叫声和雌鸭的叫声完全不一样。在我们常见的野鸭中，当雄鸭在求偶时，会因为狂喜而发出一种独特的哨声，但是这种声音并不是它们一贯的声音。

因此，就有一些共性存在于绿头鸭及其亲缘的物种身上，这是区分它们与其他物种（比如说赤颈鸭、针尾鸭和凫等）的依据之一。但是从另一方面来说，这些常见的野鸭在水禽中还是有一些特别之处的。

绝大部分的鸟儿两性之间都会有一些相似的羽毛，而且雄鸭处于较低的地位。但是在我们常见的野鸭身上，我们会发现雄鸭的地位比较高。虽然我们在夏天的时候能够看到雄鸭早早出现，但是照顾抚育幼鸭的职责主要由雌鸭来担当。根据这一点我们就可以下定论，那就是在这个大群体内，雌鸭相对于其他鸟儿是处于劣势地位，它们的数量应该也不会太多。但是事实上，这种鸟儿的分布却极为广泛，而且似乎还有愈演愈烈的趋势。我们再来考虑一下赤颈鸭，这种鸟儿的雄鸟地位较高，但是依然保持着庞大的数量，那么下面的结论就是由此而来的：除了地位高低之外，影响鸟儿生存的因素还有鸟儿华丽的羽毛。

我们对野鸭的智力程度以及能量储备感到非常惊奇。它们每年都会不期而至地来到佛劳顿的池塘里，虽然雄鸭在进入生育繁殖期后，依然光彩耀人，但是同某些同种类的水禽相比，它们却显得平庸和普通。而雌鸭的外表则再普通不过了，而且它们还表现出邋里邋遢的样子。但是，它们在寻找食物上却是相当有智慧的，胃口也非常大。有一次，人们将一只雌鸭及其幼鸭捉到了一个邻近地区的池塘里，这时候幼鸭出生也就一个星期左右。很幸运的是，有两只幼鸭在这次追捕中逃走了，在缺乏父母教导、抚养、照料和保护的情况下，它们竟然存活了下来。

1884年3月，我将第一只水禽带回家中，对我来说，剪短它的翅膀是一件很自然的事情。跟其他搜集水禽的人一样，我对鸟儿的类别、羽衣的好看程度以及生活方式也是非常有兴趣的。但是后来我突发奇想，那就是我要让其他鸟儿来代替水禽抚育它们的幼鸟。

一般情况下，我会从鸭子的巢里取走它们的卵，并把这些卵放到矮脚鸡的巢里让其孵育。我这么做的原因有二：一来矮脚鸡的巢非常安全，另一方面它还能为幼鸟的成长提供安全保障。但是我的想法在这几年又发生了变化。我已经无法从剪短翅膀的鸟儿身上得到什么满足感了。我后来想了一下其中的原因，其实这并非是出于什么人道主义的想法，而是因为我在所见所闻后的一系列的感触。

当幼鸟还处于幼小阶段的时候，我将它们的翅膀剪短并不会给它们带来太多的痛楚，即使经过这种"手术"，它们依然照吃照喝，照样玩耍，并没有因此而表现出任何不舒服的迹象，而且之后的一段时间它们都是这样。它们的羽毛、健康状况还有精神状况都无大碍。剪短翅膀的鸟儿还会和同样情况的配偶成为一家人，并且一年年过下去。这对它们来说似乎没有任何不对劲。我把这些剪短翅膀的鸟儿关在一个封闭的场所，并让它们看到身边的飞鸟自由飞翔，但即使这么做，依然没有让这些鸟儿觉得有多痛苦。

剪短翅膀的鸟儿们只是在外表上有了瑕疵，但是我的内心中，却越来越倾向于喂养那些自由自在不受任何拘束的鸟儿。因为我觉得那些剪短翅膀的鸟儿就像囚徒一般，它们已经不会按照自己的真正意愿去生活了。

一位客人曾对我说过一个大地主的故事，他说，任何过往的人都会对这个大地主脱帽敬礼。那个大地主对此是这么解释的："是啊，他们都知道我在我自己的土地上是多么的尊贵。"这番话真的是一语点中要害。因此，这个道理也适用于那些剪短翅膀的鸟儿，它们的这种自得其乐且满足于此的动机是值得推敲的。但是反过来，对于人们来说，令那些自由自在不受拘束的鸟儿变得温驯听话，才是最具满足感的事情。

这几年在佛劳顿，我让那些剪短翅膀的鸟儿们重获了自由。我的一系列有规律有耐心的照料（甚至我不在家的时候我也会找别人来替我照料它们），让我驯养水鸟的水平得到了非常大的提升。

赤颈鸭、针尾鸭、凤头鸭、潜鸭、赤嘴潜鸭、琴嘴鸭、智利针尾鸭、智利鸭、切罗赤颈鸭、鸳鸯、林鸳鸯等都可以在佛劳顿见到，而且它们的翅膀都是完好无缺的。佛劳顿的自由鸟儿的数量非常庞大，而且种类非常多，除了琴嘴鸭之外，人们经常可以看到它们从水中爬到岸边，非常自信地从人们手中取走食物的情景。

我每天都要花好几个小时去喂养这些鸟儿，尤其是到了6月份的时候，喂养及训练一窝窝的幼鸟，会花掉我更多的时间。当鸟儿尚处于幼鸟阶段时，是训练鸟儿的最佳时间。即使这时候亲鸟表现出非常温驯听话的样子，也不能消除这些鸟儿对人类的本能提防，因此我喂养它们依然颇费时间。

让喂养的水禽完全处在自由放任的状态，也是非常不利的，因为它们会飞走，并永不再回来。无疑，这些鸟儿中的某一些会被人猎杀，因为当人们在打猎的时候（无论他的注意力有多集中），是不会分辨这只鸟儿是不是一只珍稀的水禽的。每年我都会因为这个原因而失去很多鸟儿，为此我感到非常痛心和郁闷。

它们的消失对我来说无疑是很大的损失，因为每一对稀有的鸟儿，它们的价格都在5英镑或者6英镑。如果这些鸟儿是暂时离去，我还不会太伤心。但是这些离去的鸟儿，并没有去美化和装点其他地方或者取乐人们，而是被人不经意杀掉了，为此我会非常不高兴。我反对这样的灾难，而且我从不会为了自己的个人利益而去猎杀鸟儿。

我曾喂养过两只切罗赤颈鸭，它们都非常温驯，并且会从我手中取食，但是某一年的 10 月份，它们离我而去了，而且再也没有回来。

第二年的 1 月份，有个人将一只水禽的翅膀带给我鉴定，从羽毛上来看，这是一只切罗赤颈鸭的翅膀，这只切罗赤颈鸭估计也就一岁左右。它是在距离佛劳顿大概 20 英里的地方被人猎杀掉的。这种品种的鸟儿在诺森伯兰郡及英格兰其他地区都是非常罕见的，因此我不禁想到，这只鸟儿就是我曾经喂养的两只切罗赤颈鸭中的一只。

我可以通过两点来间接验证我这的判断，第一，这两只切罗赤颈鸭离开我的时候，正值浩荡的南迁大军行进中，但是它们并没有加入到大军的队伍中。因为它们是一种南美的鸟儿，当它们在北半球的时候，迁徙的本能可能已经被完全打乱了。第二点，即使在冬季，这种北国的鸟儿依然具有觅食的能力，因此它们可能觉得重返佛劳顿取食不是一件多有意义的事情，尽管它们停留的地方距离佛劳顿不远。

对于这种自由生活的鸟儿，还有一件不太有利的事情，它们繁殖了大量的后裔并留给了我。而我为它们提供的水塘面积有限（我家里只有两处水塘，即使是最大的那个，也只是一英亩不到），因此这会造成单位面积里某种水禽的数量过多。

皮科称凤头鸭为"恋家型"的鸟儿，这种鸟儿还是幼鸟的时候，就会对抚养地产生心满意足的倾向，结果就是每天我都会看到约摸 20 对或者 30 对凤头鸭安详地漂浮在并不宽敞的水面上。就算是与其他鸟儿们共享同一片水域，它们也不介意，而且还会觉得相当满足。事实上，这些凤头鸭的数量太多了，应该将一部分转移到另一个地方去安顿，但是我还是不希望人为地去干涉。

虽然它们都是非常自由的，但是我依然可以通过喂食将它们骗到笼子里，然后捉住它们。不过这种逮捕，会给所有的水禽造成不好的影响，会破坏掉它们对人类建立出来的信任感，而且也会将我多年建立起来的"使鸟儿们觉得这个地方是安全的，以及人类是值得信任的"意识毁于一旦。

经常有 8 到 10 只凤头鸭会跑到我的脚上，抬头望着我，以一种非常迷人的方式，迫使我用手喂食给它们。虽然有时候我会产生逮捕它们的想法，但是每当我望着这些鸟儿的时候，就会发现其实我并不愿意失去它们，而且我不敢保证以后不会想念它们。于是，这种鸟儿在这里以一种超常的速度繁殖下去，而我却没有采取任何措施去阻止。我也没有对它们采取节食的策略，因为节食也会对其他鸟儿产生影响，而其他鸟儿都是很珍贵的物种，数量也很少，我很希望它们留在这里。这些鸟儿在这里都得到了很好的喂养，而我却变成了一个名副其实的"奴隶"，我会因为害怕失去这些鸟儿而劳心劳力。

山鹬和凤头鸭形成了鲜明的对比，山鹬非常体贴，不会给人们带来过多的麻烦。每年的 10 月末，年幼的山鹬都会离开这里，但是有一个例外，有一只山鹬一直陪伴着我度过了整个冬天。两者的温驯程度并无差别，但是无论这窝山鹬有多温驯，它们要离开的本能却始终占统治性地位。

有两对自由的山鹬在过去的两三年里在佛劳顿完成了生育繁殖的过程。在这两对鸟儿中，雌鸟在此期间从始至终都没有离开过，每年的 5 月份，当雌鸟还在孵化卵的时候，雄鸟就离开了。今年（1926 年），8 月份刚到，一只雄鸟回到了这里，另一只雄鸟也在一个星期后回到了这里。经过鉴定，我确定第一只雄鸟就是以前那只雄鸟，因为它还是会像以前那样从我手中取食。虽然第二只雄鸟不会接受我用手喂养它，但是它会在距离我一米左右的地方，接受我喂给它的食物。但它的行为方式又表明，它对这里很熟悉，因此我推测它也曾于繁殖期在这里待过。

一般说来，山鹬及凤头鸭会在新年过后进行交配繁殖。但是赤颈鸭、针尾鸭、鸳鸯和林鸳鸯等鸟儿却刚好相反，它们会在秋天的时候就早早完成求偶配对的过程，经过冬天的短暂间隔后，很快就能走到一起。因此，这些鸟儿就会有一段较长时间的幸福家庭时光。

喂养了这么多没有经过剪羽处理的水禽之后，我每年都会因为它们带来的不利或者它们的失踪，而觉得非常痛苦，但是它们带给我的快乐远多于痛苦，因此我坚持喂养它们。

每当我看到一对对切罗赤颈鸭在空中展翅高飞，听到它们飞翔时发出的鸣叫声，还有它们降落并从我手中取食的时候，这种满足感，是那些经过剪羽处理的鸟儿所无法给予的，即使只有一对这样的鸟儿留在我们身边，它们的存在也足以抵偿所有因失去鸟儿而带来的痛苦了。

最近几年，我的注意力和兴趣都转移到了一些有独特个性和行为方式的鸟儿身上，但是相关记录只涉及其中某种鸟儿。我从中挑选了一个例子向大家介绍，这中间包含了太多的欢笑和泪水，因此我将这个故事取名为"伊丽莎白的故事"。

伊丽莎白是一只针尾鸭，这只针尾鸭是1921年由一只经过剪羽处理的雌鸭孵育出来的。当时这只雌鸭孵育了一窝幼鸭，而伊丽莎白就是其中一只。那时候，这窝针尾鸭的幼鸟中，会有几只从我的手指上小心翼翼地一点一点取食，但是有三只（也仅仅只有三只），一只雄鸭和两只雌鸭，会把它们的喙伸到我的手心中取食。在整个秋天和冬天，这三只鸟儿都是如此。但是，我在1922年的春天，发现这三只鸭子消失了，而且那只雄鸭再也没有回来过，也可能它回来过，而我没有认出它来。

到了1922年的初秋，这两只雌鸭开始很有规律地加入到晚宴中来，而且还是像以前那样从我的手心中取食。这两只雌鸭，其中一只的羽毛颜色要比另一只的黑一些。但是到了1923年的时候，这两只雌鸭又不见了。到营巢繁殖期时，只有一只雌鸭，也就是那只颜色略黑一点的雌鸭，出现在这里了，还是像以前那样取食。当然还有一些其他的针尾鸭，它们也非常温驯，但是从我手中取食的只有那只雌鸭，所以此时我要给它取一个名字，于是我将它命名为"伊丽莎白"。

伊丽莎白无论何时何地都会从我手中取食，但是它最喜欢的取食地点，是在一棵大落叶树下的一条低矮长凳的右侧，这个地点相对固定，每天傍晚喂养水禽的"晚宴"也都在这里举行。

这棵大树的一些树根已经裸露在外面了，而高度和长凳的高度平行，而伊丽莎白就经常站在树根上。如果我忙于喂养其他鸟儿而没有注意到它的到来，它就会发出叫声，似乎是在对我进行委婉的批评和指责。我转过头去，会发现它满怀期待地站在那里等我，直到我将满手的谷物伸到它面前，它才会心满意足。每天傍晚的时候，我都会盼望着它的到来，如果它偶尔缺席了一两天，我就会有一种失落感，仿佛失去了什么东西。

春天一到，这些水禽就不如之前那般有规律地参加每晚的晚宴了，它们会分散开来，并且忙于营建自己的巢。到 1924 年的春天，伊丽莎白还是会时不时地出现在这里。根据它的行为我判断，它已经营建好了自己的巢了，并且要准备孵化卵了。

我猜测，在 300 多米外的荆棘灌木丛中的那个巢，极有可能就是它的，不过因为附近还有其他的针尾鸭在营巢孵卵，因此我也不能确定那到底是不是它的巢。由于巢中的全部卵都被某种动物掳走了，因此那一年伊丽莎白没有成功地孵育出一只幼鸟。

大概到了 5 月末的时候，伊丽莎白离开了这里，直到 11 月份的时候我才再次见到了它。从此之后，每天傍晚，那充满责备的叫声都会响起，伊丽莎白依然站在从前那个地方，等待着我的喂食。

在那几个月的时间里，这只我最爱的鸟儿音讯全无，我想它肯定在过着一种完全野外的生活，并且它有可能到达了北极圈附近。不过我依然因为它的突然出现而深感满足。这一年与之前无异，它一直留在这里，直到过完整个冬天。但是到 1925 年的春天，它又消失了，这次它可能是跑到其他地方筑巢了。每次繁殖期，都会有一个伴侣陪伴在它的左右，但是它的伴侣从来没有和它一起从我手中取食。至于每年的伴侣是不是同一只雄鸟，我就不得而知了。

这一年的秋天，伊丽莎白很早就回到了这里，但是到 12 月份的时候，它又离开了，这个时候猎杀活动甚是频繁，因此对于它来说，这是一段非常危险的时期。1 月份的某个傍晚，它又重新出现在举行"晚宴"的地方，但是样子看起来非常悲伤。此时的它应该还是可以飞翔的，要不然它不会越过那高高的护栏来到这里，它的双腿也没有折断，但是它的翅膀却向下耷拉着，走路的样子也是步履蹒跚。它将喙放到我的手中，但看起来并没有力气去取食谷物，因为它把谷粒全部都溅落到地上去了。

　　第二天傍晚，它依然到来，这一次我为它准备了一些浸泡过的食物，我用手喂它，它也确实吃了好多，但身体状况并没有因此而好转。我想，这或许是我最后一次见到它了。

　　在养鸟的过程中，这种悲伤的事情是不可避免的，因此每个人都要做好心理准备。但长达数年的养鸟经验告诉我，这种伤心事也是偶然才会发生的。而养鸟所带来的兴趣，以及由此产生的快乐不仅没有削弱，反而越来越强烈。虽然如此，伤心的事情发生时，人们还是会觉得痛苦和难受。无论伊丽莎白受到什么样的伤害，这些伤害会同样发生在那些处于自然状态下的针尾鸭身上。伊丽莎白只有 5 岁，与那些野生的针尾鸭相比，5 岁的年纪还要显得有些太年轻了，不过它在佛劳顿的这些日子里受到的惊吓也比同类的鸟儿少得多，而且恶劣的天气对于伊丽莎白而言也更容易度过，因为它不用担心食物匮乏的问题。而在其他岁月里，它随时拥有享受野外生活的权利。

　　岁月如梭，与伊丽莎白相似的事件也时有发生，但是唯有伊丽莎白的故事让我终生都难以忘怀。

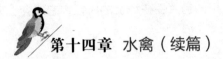

第十四章 水禽（续篇）

在收集圈养水禽的过程中，一些野外鸟儿的到访是非常有意思的事情，带给了我奇妙的感受。

1925年5月，一对琴嘴鸭到我这里来了，看起来它们已经是成鸟了。刚来时，它们还是"野性难收"，看起来非常吓人。一两个星期之后，那只雄鸭飞走了，只留下雌鸭。

到了7月份的时候，又有两只琴嘴鸭飞到了这里。根据羽毛和个头判断，这还是两只幼鸭，还未发育成熟，它们全部都是从野外飞来的。每当有人靠近它们时，它们就会张开翅膀飞到另一片池塘里。它们中间有一只鸟儿在此定居下来，逐渐变得温驯起来。这只鸟儿的个头很小，全身发黑，种种迹象表明（正如我所料）这是一只雄鸭。

秋冬时节，这两只琴嘴鸭，也就是那只成年的雌鸭以及这只幼鸭，都变得非常温驯了，它们会到我身边来取食。每天傍晚，它们也会准时参加"晚宴"。

与其他鸟儿一样，它们也会表现得非常急切，抢着吃地面上的谷物。这一点出乎我的意料，因为对于野外生长的琴嘴鸭而言，这种干燥的谷粒是不会引起它们兴趣的，这是由野外自然状态造成的。从它们取食地面上谷粒的不协调动作，就可以看出来确实如此。但是，这只未成年的琴嘴鸭表现得非常自信，它会走到我的脚边觅食，但是不会从我的手上取走面包，只是睁大眼睛，紧盯着放在前面的面包片，却从不上来取食。当你把面包片丢在地上的时候，它才会上来取食。

新的一年来临，它的羽毛慢慢显示出雄性的特征，这个过程相当缓慢。3月份的时候，有另外一只鸟儿从这里经过，它在还未完成羽毛变化的情况下，就跟这只鸟儿飞走了。

9月份的时候，两只琴嘴鸭一起回来了，现在那只雄鸟已经是通体发黑，它的行为方式告诉我，它还是原来那只雄鸟，因为它还是会走到我面前，睁大眼睛看着朝它举起的面包片，但是拒绝上来取食，直到我把面包片扔在地上才来取食。

最近几年，佛劳顿有一只雌鸭孵育出了好几只琴嘴鸭，在此之前近十五年内，我都没有喂养过这种鸟儿，因此，这里所提及的那两只鸟儿，绝不会是在这里生育繁殖过的鸟儿，我能肯定它们都是在野外生长的。

到现在（1927年的1月末），这两只鸟儿依然待在这里。那只在1925年还迟迟未完成换毛的雄鸭，现在已经是一只绚丽异常的成鸟了，展现出了雄性的美丽，但是它依然不会从我手中取食（这两只琴嘴鸭在1月份的时候又飞走了，因此我非常想知道它们在秋天的时候，是否会返回佛劳顿度过它们的第三个冬天）。

喂养水禽的另一个乐趣就是看它们表现出来的有趣反应。它们大多数时候表现出来的是天生的野性，对人类有种出于本能的不信任。J.G. 米莱先生曾经写过一本有关英国鸭类的著作，在那本书中他提到了喂养针尾鸭和凫的时候所遇到的一些困难。我的个人经验也让我基本赞同他的观点。不过我要补充的是，我认为喂养凫的难度会更大一些。在43年中，凫在佛劳顿"安营扎寨"的经历只有两次。

米莱先生形容针尾鸭的时候是这么说的："如果将这种鸟儿拘禁起来……并且喂养它的人们有一段时间不靠近那片池塘，那么这种鸟儿很快会恢复本能的恐惧。"他还说道："针尾鸭从来不会让人们离它们太近，除非人们将它们围起来，正如我们在St.James公园以及一些动物园等公共场中见到的那样。"

这就是那些野性鸟儿的特点，但是，想要让针尾鸭保持温顺的可能性还是有的。每年秋天都会有6到12只不等的针尾鸭，到这两片池塘中来，而会一直停留到第二年的春天。现在（1927年1月）就至少有三对针尾鸭生活在这里，但是1925年和1926年却只有一对，并且这两年的5月初，天气都是非常寒冷的，导致那只雌鸭和它的幼鸭们全部都被冻死了。

1924年之后，我就再也没有在佛劳顿喂养过针尾鸭，现在这里的针尾鸭肯定是三年前遗留下来的。每一年，它们会离开这里几个月，去过一种完全野外的生活。在它们离开的这段时间里，它们会变得不信任和害怕人类，就跟野生的同类鸟儿一样，但是一旦它们回到了这里，就又变得跟之前一样温驯了。

如今，留在这里的几只针尾鸭中，只有一只会从我手中取食，其他的则全部停留在离我6英尺的地方，它们在那里觅食，并且用一种完全自然的方式抢食。我想它们觉得那个地方很安全，长期的离开和野外的生活，并没有破坏它们在生长之地建立起来的信心。我想在这里提一下我遇到的针尾鸭，我这么做的原意，是想摆正人们认为针尾鸭是一种极具野性、极难喂养的鸟儿的误解。在伦敦，人们会见到很多温顺的水禽和鸥类的鸟儿，可能是这些鸟儿觉得待在那里非常安全。在那里，我从未见过针尾鸭像那些鸟儿一样做出温顺的动作，可能有人见到过这种场景。

虽然那些生活在佛劳顿的水鸟已经变得温顺了，有一些鸟儿甚至会落在我坐的椅子上，并且从我手中取食，但是它们天生的野性却从未泯灭过。任何一个寻常的举动都会让它们不安，当它们在旁边的时候，最好不要去磕烟斗里的烟灰或者举起一把太阳伞，这些举动都会让它们避而远之。但是，当人们用望远镜从远处观察的时候，是不会惊扰到它们的，我想它们对此也习以为常了。

当鸟儿从我们手中觅食的时候，我们还可以用拇指抚摸它们的腹部，但是这种动作从来没有获得鸟儿的许可或者容忍。它们对于不熟悉的行为所表现出来的不满，让我想到了悉尼·史密斯的故事，这个故事是我小时候祖父讲给我听的。

故事的大概内容是：在某一个社团，其中的一位成员接受了来自伦敦朗伯斯区大主教的邀请，准备到那里工作。在此之前，小伙子从未去过朗伯斯区，于是表现得非常急切，并且向人们大谈对于这次"造访"的自信。当他们在一起聚会的时候，悉尼·史密斯对这个小伙子说："我给你一个建议吧，当你到了朗伯斯区后，千万要注意不要在大主教的背后鼓掌，并大叫'坎特伯雷'，因为他对此非常反感，并且觉得非常不礼貌。"

这些水禽的身上有一个缺点，那就是它们中会出现杂交的品种。人们无法确保每一只水禽都有一个配偶，而且有时候，成对的水禽中，会因为某一只鸟儿的逝去或者遭遇不测而劳燕分飞。而稀有品种的鸟儿们，不会因为有其他鸟儿的出现就立刻抚平它的丧偶之痛，但是最终它们还是会屈就下嫁。这种情况并不常见，但是每当有这种情况发生的时候，大自然都会特别"关照"这些杂交的特殊品种，让这些鸟儿不能长存下去。我曾经发现过这样一种杂交雄鸭，它们是由两种亲缘关系，但不是很亲近的物种交配生育的，它们除了会发出一种干瘪的哨声之外，再也发不出任何清晰的叫声了。

亲缘关系较近的野鸭配对杂交后，会繁育出大量的可繁殖的但是却异常丑陋的杂交品种。但是我见过一种杂交后代是例外的，并在它们身上发现了一些吸引人的东西。

1917 年，一只会飞的雄性白眼潜鸭，和本物种内的另一只潜鸭配对结合在了一起。我观察的结果是，在早期的时候，这只雄鸭表现得非常忠于雌鸭。但是到了雌鸭伏卧孵卵的那段时间内，它却对另一种不会飞行的凤头鸭展开了强烈的追求，它陪那只鸟儿在水中嬉戏，还和它一起呆在岸边，并且一整天都陪着它。

那只母鸭最终成功地孵育出了两只幼鸭，但这两只幼鸭在出生之后就被雌鸭抛弃了。最后这只雄性的白眼潜鸭，和雌性的凤头鸭配对结合在了一起，并且在秋天的时候还一起离开了一段时间，但是最终它们又回到了这里。虽然它们偶尔还是会离开，但是它们已经在享受"小家庭"的幸福生活了。

1918 年的时候它们并没有进行生育繁殖，但是 1919 年的时候，雌鸭开始繁殖生育了。那年之后，它们每一年都会受孕繁殖出一窝幼鸟，并且带领它们在水上嬉戏。

这些杂交的后代也具备生育繁殖的能力，虽然它们中多数会永远离开这里去野外生活，但是去年的时候至少还有三对这种杂交鸟儿在佛劳顿营巢。这些杂交后代就跟雌凤头鸭一样，具有大个头并且精力充沛。到现在为止，这些杂交后代完全是在内部之间进行交配和繁殖下一代。事实上，它们已经繁育出了一种新品种，新的一代都与第一代亲鸟存在着某些相似之处。

最初的那只雄鸭有个古怪的习性：它不会主动去抢食人们抛给它的食物，当其他鸟儿在抢食的时候，它会在一边观望，但是如果有一片面包落在离它很近的地方，它就会毫不犹豫地将它吞下。我也不能确定跟那只雄鸭配对的雌鸭是不是最初的那只雌鸭，但是我觉得它和那些杂交后代的雌性配对也是有可能的。无论这种杂交的后代是雄鸟还是雌鸟，它们的身体末端都会露出惹人注目的白色腹部，这也是白眼潜鸭的特征之一。

这些雌鸟和白眼潜鸭的雌性一样，都是黑色的眼睛，但是它们的羽毛并不是明显的赤褐色，个头也相对大一些。与雄性的凤头鸭相比，这些雄鸟的眼睛会显得更加苍白一些，头部也没有太多的羽毛，它们身体的两侧还有许多方格，这些方格与雄性凤头鸭身上的白色方格相对应，只不过它们的方格颜色呈现出浅灰色。它们头部的黑色顶羽在阳光的照耀下会发出绿色的光泽，但是又不同于凤头鸭雄性的炫目光彩。总体上说来，这些杂交的雄鸭给人的感觉是色调暗淡。据我观察，虽然它们在这些方面已经异于凤头鸭，但是它们和白眼潜鸭有着共同点。不过，这种杂交后代已经具备了一个独立长存的物种的特点。

在观察水禽的过程中还有其他乐趣。华兹华斯曾经写过一篇《致高地女孩》，在这篇文章中，他曾经说过：那种留在人们记忆中的美丽景色及其伴随而来的感受，也会给人们带来超强的快乐。因为我已经回忆到了这种魅力的景色，所以我在这里还是要向大家描述一下这样的美景。

很多年前，我的视力还没下降太多。那一天是圣诞节，在清晨的时候，太阳一直到了早上 8 点才升到空中。早饭结束后，我就出门去喂养那些在水塘里的水禽。今天比平时稍晚一些，而鸟儿们照例在水塘的一头聚集，并且在一棵大落叶松下吃完了它们的食物。

聚集地的四面都被大树和灌木环绕着，环境特别阴暗。我走向了一个距此200 米的地方，并且坐在了较远一侧的花园长椅上。水塘是开放式的，东边一侧没有任何树木遮挡，水面全部暴露在阳光的照耀下。此时水面上没有任何一只鸟儿，也没有风，水面特别平静。一会儿后，针尾鸭、赤颈鸭、凤头鸭、潜鸭还有其他一两种水禽，都从那片被树木和灌木包围的水塘中吃完东西后飞到了这里。有一些鸟儿在不停地唱歌，它们三五成群地聚集在了一起。可是它们还未见到早晨升起的太阳。

现在每只鸟儿都在水中嬉戏着，似乎正在祈祷着太阳的出现。它们站在水面上拍打翅膀，水花溅到它们的身上；它们从四面八方快速游散开来，偶尔还会潜入到水中，像一支离弦的箭一样飞驰而去；它们有时候会从水面向空中跳跃，做了几个后空翻后，又重新落到水面上；它们有时候会沿着一个方向作短距离飞行，停落到水面上，一会儿又沿着飞来的方向再次飞回去。它们的潜水游戏让人意想不到，它们在水下穿行，又在一个新的地方浮出水面，像是受到了什么惊吓，又会突然潜入水中。

它们似乎只是在单纯地做涉水游戏，经它们一闹腾，整个水面上已经没有一处是平静的了。群鸟嬉戏的场景会持续很长一段时间，我从中获取了很多乐趣。最后，有一只水鸟率先飞到了岸边，接着其他鸟儿也陆续上岸了，它们在岸上呈现出站立、俯卧、肩靠着肩的姿势。也有鸟儿在安静地休息，也有可能在睡觉。还有 6 只鸟儿依然停留在水面上，但是每只看起来都非常安静，头转向后面，喙靠着背部，安静地在水面上漂浮着。周围的一切都变得安静起来，没有任何声音，也没有任何震动，水面平静如初。

太阳升起来了，耀眼的光芒照射着水面，照射在鸟儿的身上，同时还照在红色树皮的柳树上以及对岸光秃秃的树木上。任何人在这个时候看到这种场景，都会觉得有一种魔力正笼罩着这个地方。而我则安详地坐在椅子上，很长一段时间都是一动不动，这种神情不是沉睡，而是沉醉在美景中无法自拔。事实上，这种景象已经烙印在我心底了，并如同一个美梦一般被保存了下来。

每当人们回想到这个场面，就会不自觉地融入其中。这些场景说不尽道不完，似乎有种魔力让"思绪完全消失了，除了深深沉醉其中去享受之外，别无他法"。而当时就是欣赏美景的最好时机，当什么东西打动你的时候，你耳边最有可能响起来的，就是这样的一句话："连上帝也沉醉其中了。"

世界科普巨匠经典译丛